高等学校新工科计算机类专业系列教材

U0169709

Unity 进阶与实践解析

主　编　高全力　王西汉　薛　涛

副主编　胡发丽　李庆敏　毕明洋

　　　　王雅妮　陈　铭

西安电子科技大学出版社

内 容 简 介

本书共 4 章，全面介绍了使用 Unity 3D 必备的软、硬件知识，以及 Unity 从基础到进阶的各类知识。第 1 章重点介绍了 C# 编程语言的语法及运用；第 2 章介绍了 Unity 基础知识，从 Unity 的定义、发展、学习资源、视图面板、脚本、组件、3D 数学等方面做了相关介绍；第 3 章介绍了 Unity 入门知识，从 Unity 的场景、资源、物理系统、UGUI、EVENT 事件等方面深入讲解了 Unity 在开发过程中的实际运用；第 4 章是 Unity 进阶，分别从 NGUI、动画系统、Animator、动画层及事件应用、灯光系统、粒子系统等方面展开介绍。本书通过丰富的案例帮助读者快速上手，熟练操作 Unity 3D，制作属于自己的 VR 程序。

本书结构清晰，语言简洁，图解丰富，适合想要了解及从事 VR 开发的人员学习使用，同时也适用于虚拟现实平台的管理者、虚拟现实行业的从业者阅读参考。

图书在版编目(CIP)数据

Unity 进阶与实践解析 / 高全力，王西汉，薛涛主编. —西安：西安电子科技大学出版社，2022.7
ISBN 978-7-5606-6490-3

Ⅰ. ①U…　Ⅱ. ①高…　②王…　③薛…　Ⅲ. ①游戏程序—程序设计　Ⅳ. ①TP311.5

中国版本图书馆 CIP 数据核字(2022)第 101402 号

策　　划　刘玉芳
责任编辑　刘玉芳
出版发行　西安电子科技大学出版社(西安市太白南路 2 号)
电　　话　(029)88202421　88201467　　　　邮　　编　710071
网　　址　www.xduph.com　　　　　　　　电子邮箱　xdupfxb001@163.com
经　　销　新华书店
印刷单位　陕西天意印务有限责任公司
版　　次　2022 年 7 月第 1 版　2022 年 7 月第 1 次印刷
开　　本　787 毫米×1092 毫米　1/16　印 张　12
字　　数　280 千字
印　　数　1～2000 册
定　　价　37.00 元
ISBN 978-7-5606-6490-3 / TP
XDUP 6792001-1
如有印装问题可调换

前　言

　　Unity 3D 也称为 Unity，是由 Unity Technologies 公司开发的跨平台综合游戏开发工具。使用该工具的用户可以轻松地创建交互式内容，如 3D 视频游戏、建筑可视化和实时 3D 动画，也可以使用更便捷的方法来开发游戏，从而获得更多的游戏开发经验。

　　Unity 3D 可以运行在 Windows 和 MacOS X 下，可发布游戏至 Windows、Mac、Wii、iPhone、WebGL(需要 HTML5)、Windows Phone 8 和 Android 平台，也可以利用 Unity Web Player 插件发布网页游戏，支持 Mac 和 Windows 平台的网页浏览，是一个全面整合的专业游戏引擎。

　　行业中有大量的商业游戏引擎和免费游戏引擎，最具代表性的商业游戏引擎是 UnReal、CryENGINE、Havok Physics、Game Bryo、Source Engine 等。但是，这些游戏引擎价格昂贵，极大地增加了游戏开发的成本。因此，Unity Company 引入了"民主化开发"(Democratizing Development)的模式，为游戏开发人员提供了一个出色的游戏引擎，使其在轻松开发游戏的同时不必担心价格问题。

　　本书作者长期关注 Unity 3D 及 C#语言的发展，并且在博客园、知乎、CSDN 的 Unity 3D 专栏下与各位业界"大牛"有过亲切交流。本书是实验室成员在完成国家重点研发项目的子课题过程中记录并总结相关知识而编写的，对于知识点的总结可能无法做到面面俱到，希望广大读者在阅读后能提供宝贵的意见。

　　在编写本书的过程中，我们得到了很多老师和朋友的帮助与支持，非常感谢高岭教授与邵连合老师给本书提供的指导与建议，正是因为他们的耐心指导，本书才能顺利完稿；感谢实验室成员焦子逊、郭帅、李雪花、杨昊、赵立飞、冯琛、贾建玲、闫慧、林睦琪、金磊、刘佳辰、闫茜茜、史楠、金美琳、雒彤彤、秦澳龙、鲁思悦、储著露、张大更、刘鑫、何苗(排名不分先后)对本书提供的帮助。

　　本书受新型网络智能信息服务国家地方联合工程研究中心、陕西省服装设计智能化重点实验室以及国家重点研发计划项目"教育大数据分析挖掘技术及其智慧教育示范应用"资助。

　　感谢读者选用本书，并衷心希望与各位读者共同进步。

边缘计算与虚拟现实团队

于西安工程大学临潼校区

2022 年 4 月

目　　录

第1章　C# 基 础

为了满足人们对游戏开发快速便捷的需求,游戏开发引擎 Unity 3D 应运而生。Unity 3D 主要支持三种脚本语言：C#、UnityScript(JavaScript for Unity)和 Boo。由于选择 Boo 作为开发语言的使用者非常少，在 Unity5.0 后，Unity 公司放弃了对 Boo 的技术支持。C#是微软公司开发的一种面向对象编程语言，由于其具有强大的 .Net 类库支持，因此衍生出很多跨平台语言，使 C# 逐渐成为 Unity 3D 开发者推崇的程序语言。本章主要介绍 C# 基础知识、C# 编程语言的语法及运用，可为读者后续了解 Unity 3D 打下一定的基础。

1.1　C# 基础知识

什么是 C#? 如果电脑上未安装相关开发平台，能否编写出 C# 程序呢? 如果读者曾接触过编程，那么可能会知道记事本编程。如果读者不了解记事本编程，可以跟随本书一起走进 C# 的世界，逐步解开谜团。本节将以 C#的相关专业术语作为引入点，以 "傻瓜式" 的编程方式——记事本编程为起点，带领读者了解 C#。

1.1.1　相关专业术语

在学习 C# 时，常与 C# 一起被提到的相关术语有 .Net、.Net Framework、Microsoft、Visual Studio，那么这些术语分别代表什么，可以用来做什么，与 C# 之间存在着怎样的关系呢? 下面就来介绍这些术语。

1. C#

C# 是一种编程语言，是官方推出的进行 .Net 开发的主流开发语言，开发者可以使用 C# 语言在基于 .Net 的平台上利用 .Net Framework 框架开发出各种应用。那么，为什么一定要在 .Net 平台使用指定的编程语言呢? 这里举例说明：一名外国人向路人询问走哪条路可以到达西安工程大学，他需要用路人能够听懂的语言来询问。如果其中一个人只会说外语，另一个人只会说中文，是不是就很难进行沟通了? 其实，对于计算机而言，也是如此，想要基于某平台开发应用，开发者就必须使用该平台能够 "认识" 的编程语言来编写指令，否则平台无法识别此编程语言，开发者想要利用该平台开发应用肯定是不可行的。

2. .Net 与 .Net Framework

人们通常说的 .Net 指的是 .Net 平台(软件开发平台)，.Net Framework 是平台的核心框架，该框架是 .Net 平台中必不可少的组成部分。两者之间的关系为：.Net Framework 框架包含于 .Net 平台，它能够给开发者提供一个稳定的开发环境，从而使得开发者在 .Net 平台上开发的各应用能正常运转。例如：厨师要在厨房中制作出一道精美的菜，首先他需要有一个厨房，其次厨房里需要有做饭的工具(锅碗调料等)，之后他可以利用工具在厨房里成功做出一道精美的菜。而在这里，.Net 平台就相当于厨房，.Net Framework 框架就相当于做饭的工具，开发者在 .Net 平台利用 .Net Framework 框架开发出的各种应用就相当于厨师在厨房里利用各种做饭工具制作出精美的菜。

3. Microsoft

Microsoft 的中文名称为微软，是美国的一家跨国科技公司，并且在开发 PC(Personal Computer，个人计算机)软件方面被称作先导者。它是由比尔·盖茨与保罗·艾伦于 1975 年创办的，该公司总部坐落于华盛顿州的雷德蒙德(Redmond)，以研发、制造、授权和提供广泛的电脑软件服务业务为主，是目前世界上最大的计算机软件供应商。常用的 Microsoft Windows 操作系统和 Microsoft Office 系列软件便是该公司最为著名和畅销的产品。

4. Visual Studio

Visual Studio 的全称为 Microsoft Visual Studio，简称为 VS，是美国微软公司的开发工具包系列产品。VS 是一个基本完整的开发工具集，它包括整个软件生命周期中所需要的大部分工具，所写的目标代码适用于微软支持的所有平台。C# 语言的主流开发平台便是 VS。如今，VS 已有众多版本，包括 VS2015、VS2017、VS2019 等，本书以 VS2019 为平台来带领读者逐步走进 C#的世界。

1.1.2　使用记事本编程

大多数人进行 .Net 开发时，都会选择使用集成开发环境 VS。但是实际上，C# 开发与 Java 开发类似，都可以采用记事本等文本编辑工具进行开发。下面介绍如何使用记事本编写 C# 程序。

如果读者已安装过 VS，那就说明你的电脑上已有了 .Net Framework，就可以跳过此步。如果读者未曾安装过 VS，那就需要安装 .Net Framework，在安装 .Net Framework 的同时会一起安装 C# 编译器。

首先打开 cmd(命令提示符)窗口(快捷键为 Windows 键＋R 键)，在窗口中输入 csc 命令，检查系统是否安装了 CSC 编译器。如果出现如图 1.1 所示的"不是内部或外部命令，也不是可运行的程序或批处理文件。"的提示，则有两种可能性：一种是由于未安装 CSC 编译器而导致的，那么读者需要安装 CSC 编译器；另一种是已经安装了 CSC 编译器，那么读者需要手动把 CSC 编译器添加到环境变量里。如果读者已安装了 VS，那么只需要找到编译器的安装路径，把路径加到环境变量里即可(因为 VS 自带编译器)。添加成功后，重新打开 cmd 窗口，输入 csc 命令后的显示界面如图 1.2 所示。

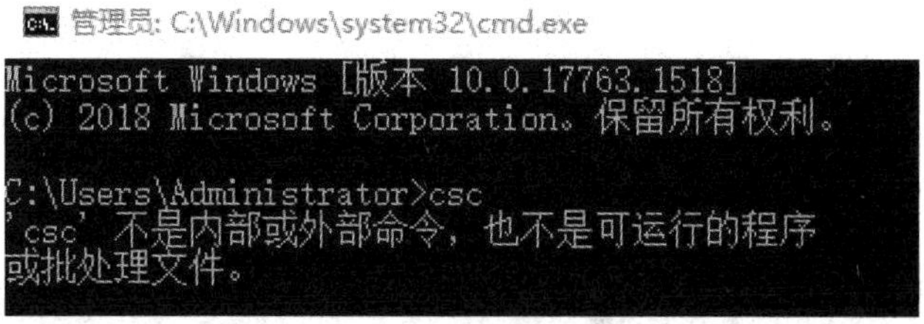

图 1.1　不是内部或外部命令的提示

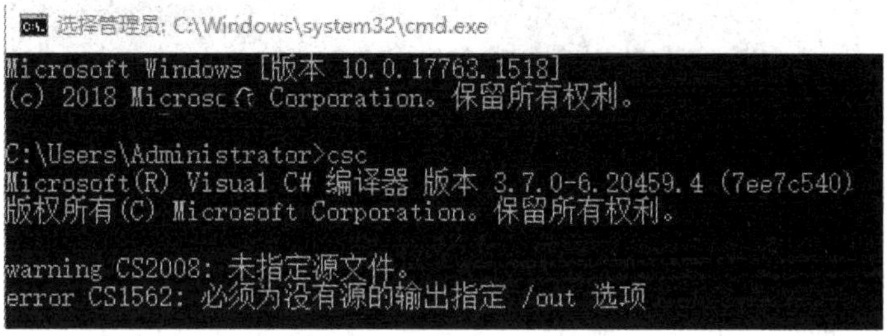

图 1.2　检测到 CSC 编译器

下面来创建一个以 .cs 结尾的文件。

(1) 在任意目录下创建一个记事本文档，如图 1.3 所示。

图 1.3　创建一个记事本文档

(2) 在文档中添加一段最简单的 C# 代码，如图 1.4 所示。

图 1.4　添加 C#代码

(3) 将文件后缀名改为 .cs(.cs 是 C# 程序类文件默认的扩展名)，文件名建议修改为英文，修改后的文件名如图 1.5 所示。

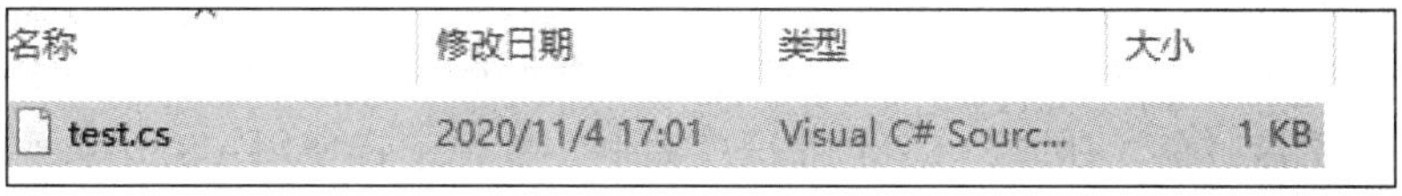

图 1.5　修改文件后缀名

(4) 打开 cmd 窗口，编译 .cs 文件，运行编译后的 .exe 文件。

打开 cmd 窗口，切换文件目录至 .cs 文件所在目录，具体步骤为：首先输入"盘符："，如"d:"；然后输入"cd 目标路径"，如"cd C#\testtxt"。切换过程如图 1.6 所示。

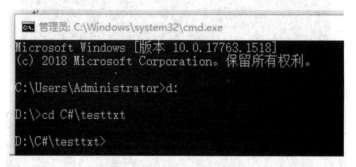

图 1.6　切换目标路径

(5) 编译 .cs 文件如图 1.7 所示，编译完成后，在 .cs 文件的同一目录下会出现同名的 .exe 文件。编译时在 cmd 窗口输入"css 文件名称.cs"，如"csc test.cs"。

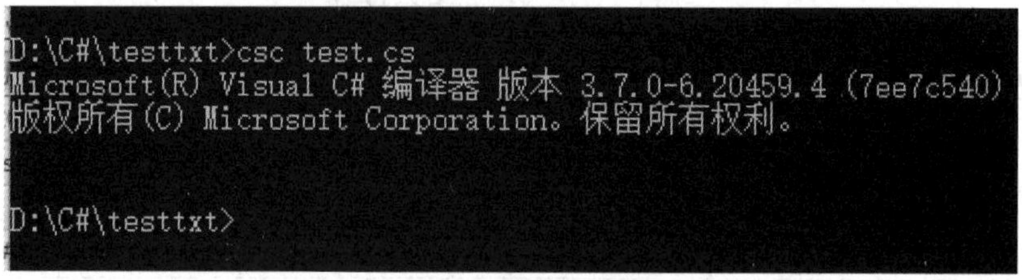

图 1.7　编译.cs 文件

(6) 在 .cs 文件被成功编译的前提下，可在 cmd 窗口运行编译好的 .exe 文件，如图 1.8 所示。直接输入 .exe 文件的名字即可(加不加 .exe 扩展名都可以)，如"test.exe"或"test"。

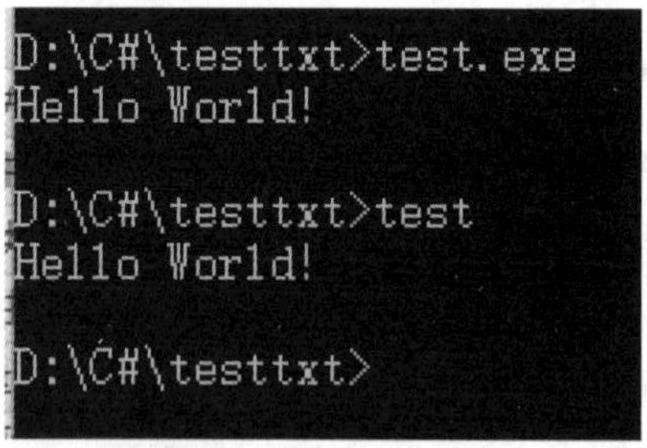

图 1.8　运行.exe 文件

1.2　Visual Studio 2019

Visual Studio 2019 简称 VS2019，是 C# 的主流开发平台。本节将以 VS2019 平台为例，详细介绍 C# 项目的创建过程、打开过程、软件使用方法及相关快捷键的使用，同时，以众人耳熟能详的"Hello World！"程序为例，带领读者使用 VS2019 平台编写第一个 C# 程序。

1.2.1 Visual Studio 2019 的使用

VS2019 对于初学者来说是陌生的，因此，本小节将从项目的创建开始，逐步讲解在该平台上如何创建一个全新的 C#项目、如何打开已有的 C# 项目、在创建过程中可能会出现的情形及其解决方案等，从而帮助读者更好地使用 VS2019。

1. 创建项目

在 VS2019 中创建一个新的项目，有两种创建方法。一种是根据提示在初始界面中选择"创建新项目"的方式进行创建；另一种是在初始界面中选择"继续但无需代码"后，使用菜单栏目录或快捷键的方式进行创建。两种方法的具体步骤如下：

【方法一】

(1) 打开 VS2019 软件，在如图 1.9 所示的初始界面中点击"创建新项目"。

图 1.9　初始界面

(2) 在弹出的图 1.10 所示的创建新项目界面中有 3 个下拉菜单栏，分别为 C#、Windows 和控制台，进行筛选后选择"控制台应用(.NET Framework)"，然后点击"下一步"按钮。

图 1.10　创建新项目界面

(3) 进入配置新项目界面，如图 1.11 所示，在该界面中，需要输入项目名称，选择项目放置位置和要使用的框架，项目名称建议使用英文。

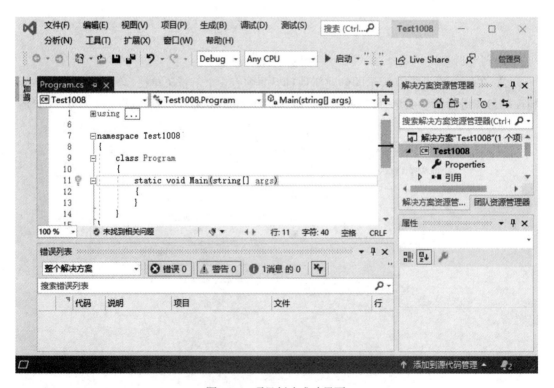

图 1.11　配置新项目界面

(4) 点击图 1.11 中的"创建"按钮后进入如图 1.12 所示的界面，代表项目创建成功，项目名与解决方案名默认一致，该项目中的默认类名为 Program.cs。

图 1.12　项目创建成功界面

【方法二】

(1) 打开 VS2019 软件，在如图 1.13 所示的初始界面中点击"继续但无需代码"，进入如图 1.14 所示的界面。

图 1.13 初始界面

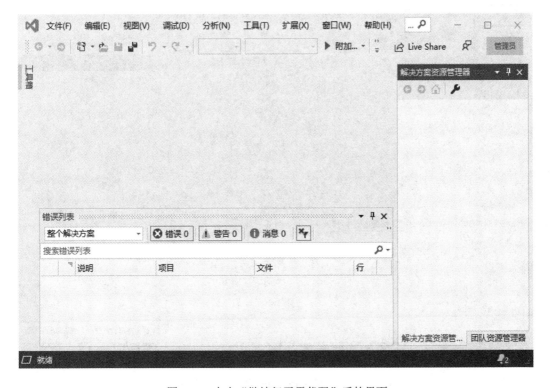

图 1.14 点击"继续但无需代码"后的界面

(2) 在图 1.14 界面的左上角菜单栏里依次选择"文件"→"新建"→"项目",或使用快捷键"Ctrl＋Shift＋N",都可进入创建新项目界面(如图 1.10 所示),后续步骤与方法一相同。

2. 打开已有项目

在 VS2019 中打开某个已经创建的项目,有两种情况,即已在当前的 VS2019 中创建过的项目和未在当前的 VS2019 中创建过的项目。

若即将打开的项目已在当前的 VS2019 中创建过,则在打开软件进入初始界面(图 1.9所示)后,界面左侧会出现该项目的相关信息,直接点击进入即可。

若即将打开的项目未在当前的 VS2019 中创建过,则需手动导入,这就存在两种情况,具体如下:

(1) 若当前处于初始界面,选择界面右侧的"打开本地文件夹"或者"打开项目或解决方案",找到项目的存储位置,选中即可,选中后进入图 1.14 所示界面。显然,图1.14 所示界面中已出现导入项目的信息,此时,只需双击想要打开的.cs 文件便可进入编辑界面。

(2) 若当前处于图 1.12 或图 1.14 界面,在左上角菜单栏中依次选择"文件"→"打开"→"项目/解决方案"或者"文件"→"打开"→"文件夹",找到项目的存储位置,选中即可,选中后进入如图 1.15 所示的导入项目界面。显然,图 1.15 所示界面中已出现导入项目的信息,此时只需双击想要打开的.cs 文件便可进入编辑界面。

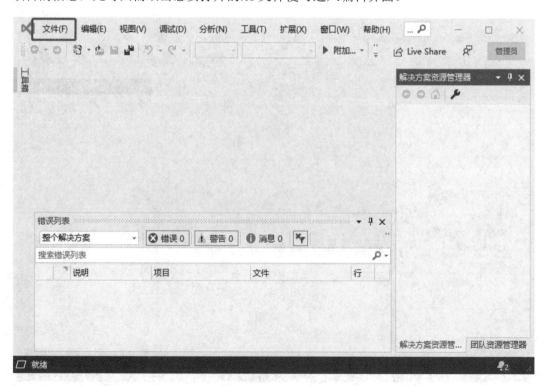

图 1.15 导入项目

3. 在同一解决方案下创建多个项目

一个解决方案可包含多个项目。在初次创建新项目时，默认生成一个解决方案，一个解决方案里默认包含一个项目，若想在一个解决方案下创建多个项目，则需使用下述方法，具体步骤如下：

(1) 若想创建多个项目，则可在解决方案资源管理器中单击鼠标右键，依次选择"解决方案名"→"添加"→"新建项目"，进入创建新项目界面(如图 1.10 所示)，选择"控制台应用(.NET Framework)"，然后点击"下一步"按钮。

(2) 进入配置新项目界面，如图 1.16 所示。因为此时的项目是在已有的解决方案下新建的，所以界面与图 1.11 稍有不同，没有"解决方案"一栏。在此界面中，只需输入项目名称即可。需要注意的是，项目名称不可与本解决方案下已有的项目名称相同，否则会出现如图 1.17 所示的警告框。

图 1.16　配置新项目界面

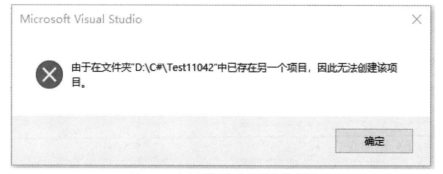

图 1.17　相同项目名称会弹出警告框

(3) 点击图 1.16 中的"创建"按钮，进入如图 1.18 所示界面，表示新建项目成功，此时该界面右侧的"解决方案"里会出现两个项目。

图 1.18　在同一解决方案下新建项目成功界面

4. 在某个项目下创建多个类

C# 是面向对象的语言，类的关键词是 class，通俗来说，类是一个比较抽象的内容(类的具体介绍见 1.9.1 小节)，一个项目可以包含多个类。在新建项目时，默认生成一个解决方案，一个解决方案里默认包含一个项目，一个项目里默认包含一个类。若想在某个项目下创建多个类，则需使用下述所示方法，具体步骤如下：

(1) 若想在某一项目下创建多个类，则可在解决方案资源管理器中单击鼠标右键，依次选择"该项目名"→"添加"→"新建类"，进入如图 1.19 所示的界面。

图 1.19　新建类的界面

(2) 在图 1.19 界面中选择"类"，此时就可在"名称"栏里修改类的名称，也可使用默认名称，需要注意的是类的名称不可以出现中文字段。随后点击"添加"按钮即可进入如图 1.20 所示界面，新建类操作完成。

图 1.20　成功新建类

5. 运行类的结果

在 VS2019 中，当类定义完成后，有两种方法可以运行类。一种是点击工具栏中的"启动"按钮，另一种是采用快捷键。具体方法如下：

【方法一】

点击如图 1.21 所示界面框选区域中的 ▶ 启动 按钮，可运行程序。图 1.21 中代码的运行结果如图 1.22 所示。

图 1.21　运行类

【方法二】

采用快捷键"Ctrl + F5"也可直接运行程序，运行结果如图 1.22 所示。

图 1.22　类运行界面

6. 运行不同类里的两个 Main 方法

若如图 1.23 所示，在 Program.cs 文件中同时写两个类，每个类中都包含一个 Main 方法，直接运行时，则会有一个 Main 方法被标红，并出现如图 1.24 所示错误提示。

```
 1        using System;
 2
 3        namespace Test1025
 4        {
 5            class Program
 6            {
 7                static void Main(string[] args)
 8                {
 9                    Console.WriteLine("我是Program类里的主方法！");
10                    Class1.Main();
11                    Console.ReadLine();
12                }
13            }
14            class Class1
15            {
16                public static void Main()
17                {
18                    Console.WriteLine("我是Class1类里的主方法！");
19                }
20            }
21        }
22
23
```

图 1.23　同一项目两个类皆包含 Main 方法

图 1.24　错误提示

针对这种情况，具体解决方法如下：

(1) 在解决方案资源管理器中单击鼠标右键，依次选择"当前项目"→"属性"→"应用程序"后，出现如图 1.25 所示界面。

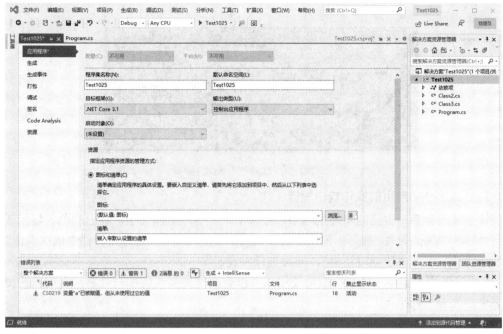

图 1.25　修改启动对象初始界面

(2) 在"启动对象"一项里将启动对象修改为其中一个类，如图 1.26 所示，此时刚才出现的标红已消失，代表项目可正常运行。

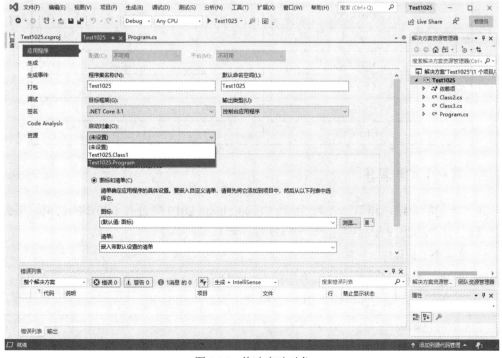

图 1.26　修改启动对象

(3) 重新回到 Program.cs 文件里运行项目，即可成功运行，出现如图 1.27 所示界面。

图 1.27　成功运行此项目

7. VS2019 中常用的操作或快捷键

每个使用者都有自己的喜好及习惯，在 VS2019 中，字体大小、界面颜色、显示或隐藏行号等各类编码习惯，都可由使用者自行设置。只需要在界面上方工具栏中依次点击"工具"→"选项"→"选项对话框"，即可进行设置。

VS2019 中也支持多种快捷键的使用，可以有效地提高代码编写效率，常用的快捷键有 8 个，如表 1.1 所示。

表 1.1　VS2019 常用快捷键

快 捷 键	功 能
Alt + Shift + Enter	全屏显示
Ctrl + C	复制
Ctrl + X	剪切
Ctrl + V	粘贴
Ctrl + Z	撤销
Ctrl + Y	恢复
Ctrl + S	保存
Ctrl + F5	运行程序

1.2.2　第一个 C# 程序

通过上述的介绍，相信读者对 C# 和 Visual Studio 2019 平台有了初步的认识，那么，现在尝试利用 VS2019 平台创建第一个 C# 程序吧！

1. 第一个 C# 程序

(1) 创建新项目(创建新项目的方法见 1.2.1 节)。

(2) 在 Program.cs 文件中输入如下代码：

```
using System;
namespace Test1025
{
```

```
class Program
{
    static void Main(string[] args)
    {
        Console.WriteLine("Hello World!");          //输出 Hello World!
    }
}
```

(3) 编译并运行该项目(运行方法见 1.2.1 节)。

2. 代码解析

1) using 导入的命名空间

在 VS2019 中，第一行"using System"的内容为创建控制台应用程序时自动生成的。导入命名空间的方式可使用 using，例如"using System;"。

注意：

(1) 在一个类中可以有多个 using 语句；

(2) using 语句一定要放在程序的最上面；

(3) using 语句后面加分号表示该语句结束。

第二行"namespace"后面的内容是本项目的命名空间，默认与项目名称相同。在 VS2019 中，此行内容也是系统自动生成的。

在创建新项目时，系统会自动生成一个包含 Main 方法的 Program 类。若需在同一项目中新建其他类，可使用 1.2.1 节中所述方法定义类，但在定义类时，一定要遵循 C# 的语法。

可以使用 class 关键字定义最简单的类。基本语法如下：

```
class    类名
{
    //类中的内容
}
```

类名的命名规范：

类名和创建的 .cs 文件需尽量保持一致，类的内容应该以"{"开头，以"}"结尾，类中的内容应该写在开始大括号和结束大括号中间的任意区域。

"Console.WriteLine(****);"为 C#的控制台打印语句，在使用这条语句之前，要导入 Console 类，Console 类所在的包为"using System"。打印语句的含义是使用系统提供好的 Console 类中的 WriteLine()方法实现打印，需要打印的内容放在小括号中即可，可以打印数字、汉字、字母等。

2) 语句

关于 C# 的语句编写，需要注意以下几点：

(1) 语句要写在方法中。

(2) 每条语句默认以分号结尾。

(3) 语句中涉及的所有标点符号，都应该使用英文状态下符号。

(4) 一个方法中可以写多条语句，也可以不写语句。

3) 注释

在程序编写过程中，可以为程序添加一些解释性的文字，这些解释性文字是不会被计算机编译的。

(1) 为什么要使用注释呢？

① 养成良好的编程规范。

② 帮助开发者更好地理解程序。

③ 可以增强代码的可读性。

④ 在编码过程中，不想让某一条语句或多条语句参与程序运行。

(2) 什么时候使用注释？

① 编码过程中。

② 学习过程中。

(3) 注释的编写格式分为哪几类？

① 单行注释：一般是为一些语句添加单行注释时使用。单行注释符为 //。

② 多行注释：程序中有多行语句不参与运行时，可以为其添加多行注释。多行注释符为 /*···*/。

③ 文档注释：类、方法或属性一般添加文档注释。文档注释符为 ///。

1.3　C# 中的数据类型

C# 中的数据类型可分为值类型、引用类型和指针类型三大类。值类型包括简单类型、结构类型和枚举类型等。引用类型包括类类型、接口类型、委托类型和数组类型等。指针类型则只能使用在安全模式中。各数据类型的关系如图 1.28 所示。

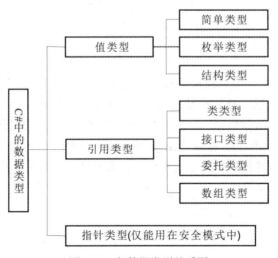

图 1.28　各数据类型关系图

1.3.1 值 类 型

C# 中的值类型主要包括简单类型、枚举类型和结构类型。其中，简单类型包含 14 种简单的基本值类型，具体关系如图 1.29 所示。

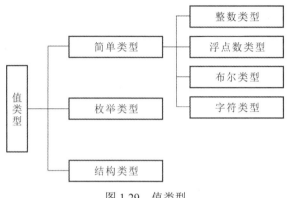

图 1.29 值类型

1. 整数类型

byte：无符号 8 位整数，取值范围是 0～255(十进制)，即 $0～2^8 - 1$。

sbyte：有符号 8 位整数，取值范围是 −128～127(十进制)，即 $-2^7～2^7 - 1$。

short：有符号 16 位整数，取值范围是 −32 768～32 767(十进制)，即 $-2^{15}～2^{15} - 1$。

ushort：无符号 16 位整数，取值范围是 0～65 535(十进制)，即 $0～2^{16} - 1$。

int：有符号 32 位整数，取值范围是 −2 147 483 648～2 147 483 647(十进制)，即 $-2^{31}～2^{31} - 1$。

uint：无符号 32 位整数，取值范围是 0～4294967295(十进制)，即 $0～2^{32} - 1$。

long：有符号 64 位整数，取值范围是 −9 223 372 036 854 775 808～9 223 372 036 854 775 807 (十进制)，即 $-2^{63}～2^{63} - 1$。

ulong：无符号 64 位整数，取值范围是 0～18 446 744 073 709 551 615(十进制)，即 $0～2^{64} - 1$。

C#中整数的默认类型为 int。一般情况下，为了使程序的时间和空间的复杂度尽可能低，应根据程序的需要选择合适的数据类型，例如存储 2^{40}，如果使用 int 就会出问题，此时就需要使用 long。

2. 浮点数类型

float：单精度，内存中占 4 个字节，取值范围为 $±1.5 \times 10^{-45}～3.4 \times 10^{38}$，精度为 7 位有效数字；

double：双精度，内存中占 8 个字节，取值范围为 $±5.0 \times 10^{-324}～1.7 \times 10^{308}$，精度为 15～16 位有效数字。

decimal：高精度，内存中占 16 个字节，取值范围为 $±1.0 \times 10^{-28}～7.9 \times 10^{28}$，精度为 28～29 位有效数字。

单精度、双精度和高精度的区别在于对小数位的处理上有所不同，decimal 的精度比 double 高，但数值范围比 double 小，这是因为它的小数位可以很多，但是整体数值范围比

double 小，一般需要高精度小数运算或者金融财务货币计算的时候，才会选择 decimal 类型来存储变量值以及运算结果。

3. 布尔类型

布尔类型(bool)是用来表示"真"或"假"的逻辑数据类型，在内存中仅占用一个字节。布尔类型变量的取值只有两种：true(代表"真")和 false(代表"假")。

注意：true 的值不能被任何非 0 值所替代。在 C# 中，bool 类型的示例代码如下：

```
bool flag1 = true;        //正确
bool flag2 = false;       //正确
bool flag1 = 1;           //错误
bool flag2 = 0;           //错误
```

4. 字符类型

(1) char：16 位 Unicode 字符，取值范围为 U + 0000～U + ffff。字符类型只能表示任意的单个字符，单个字符可以是汉字、字母、数字、符号、空格中的任一种。在 C# 中，字符常量是用单引号括起来的一个字符，例如 'M'、'm'、'?'、'6'。在 C# 中，定义一个字符类型的示例代码如下：

```
char M = 'm';    //正确
```

(2) string：字符串类型，可以给变量分配任何字符串值。在 C# 中，字符串类型的值是用引号或者@引号括起来的一串字符。示例代码如下：

```
string address = "www.baidu.com";    //或@"www.baidu.com"
```

值得注意的是，在 C# 中，除了字符常量外，还有转义字符。转义字符是指以"\"开头的字符序列，若在该字符串之前加上@，转义字符(\)则会被认为是普通字符。示例代码如下：

```
string address = "C:\\C#workspace";
//等价于
string address = @"C:\C#workspace";
```

1.3.2　数据类型转换

在 C# 中，数据类型的转换分为两种：一种是自动类型转换，即自动转型；另一种是强制类型转换，即强制转型。

在数据类型转换中，小数的级别高于整数。按从小到大的顺序，整数依次为 byte、short、int、long；小数依次为 float、double。

注意：一般 int 与 float、double 进行转换。

1. 自动转型

将一个范围小的数据放到一个范围大的数据类型中，会自动提升小数据的类型。示例代码如下：

```
//定义了 byte 类型的变量，变量名字为 b，变量中存储的值为 10
//将 b 赋值给 i，b 属于 byte 类型，i 属于 int
//系统会自动提升 b 的类型，提升为 int 类型，再赋值给 i
byte b = 10;
int i = b;
```

2. 强制转型

将一个范围大的数据放到一个范围小的数据类型中，若使用如下代码，则程序会报错。示例代码如下：

```
//这是一个错误的代码
double b = 1.23;
float i = b;
```

如果一定要这样做，则需要使用强制类型语法。例如 1.23 默认是 double 类型，要将其转成 float 类型，示例代码如下：

```
Console.WriteLine(1.23);
Console.WriteLine((float) 1.23);
```

提示：

(1) 正常使用数据时，数据类型需保持一致，如果出现不一致，则需要转型，转型时推荐使用自动转型，如果一定要使用强制转型，则需要注意"强制转型有风险，使用时要谨慎"。因为有可能出现运算结果和实际结果不一致的情况，这是因为数据溢出造成的。

(2) 在 C# 中，各类型之间数据加减时的规则如下：

① byte + byte = int。

② byte + int = int。

③ short + short = int。

④ short + int = int。

例如：

```
byte b1 = 1;
byte b2 = 1;
byte b3 = (byte)(b1 + b2);          //正确
int i = b1 + b2;                    //正确
```

1.4　变 量 与 常 量

什么是变量？什么是常量？在编写程序过程中，听得最多的词语可能是"函数"这个词。在 C# 中，函数与数学中的函数相似，有变化的量(未知数)也有固定的量(常数)，即程序执行期间存储区不变但值有可能被改变的量(变量)和程序执行期间存储区和值都不会被改变的量(常量)。

1.4.1 变量

变量是内存中的一块区域，是用来存储程序中各种各样类型的数据。一个变量指的是一个供程序操作的存储区的名字。在 C# 中，每个变量都有一个特定的类型，类型决定了变量的内存大小和布局。该类型范围内的值可以被存储在变量的内存中，并可对变量进行一系列操作。

1. 变量的声明与初始化

1) 变量声明

变量声明的基本语法如下：

> [访问修饰符][变量修饰符] 变量的数据类型 变量名；

其中，访问修饰符和变量修饰符可以被省略，变量的基本数据类型有 14 种，主要包括 byte、int、bool、float 等(详见 1.3.1 节)。

2) 变量初始化

变量初始化的基本语法如下：

> 变量名 = 具体的值；

变量的初始化，就是为变量第一次进行赋值的操作。

变量声明及初始化的示例代码如下：

```
//方法一：一次只声明并初始化一个变量。先声明，后赋值
public int num;        //声明一个整型变量 num，其中 public 可以省略
num = 1;               //变量的赋值，将 1 赋值给 num，即在 num 代表的存储区中存入 1
//方法二：一次只声明并初始化一个变量。在声明的同时进行赋值
int m = 2;             //声明一个整型变量 m，并将 2 赋值给变量 m
//方法三：一次声明并初始化多个变量。在声明的同时进行赋值
int x = 3, y = 4;
```

2. 变量的特点

(1) 一个变量可以被多次赋值，在内存中存储的值是最后一次赋值操作所赋的值。

(2) 变量在使用之前一定要先赋值，否则不能使用(注：指的是在方法中定义的变量)。

(3) 在同一个代码块中，变量名不能重名。

(4) 一个代码块指的是一对大括号及其中内容的部分。

(5) 变量进行赋值时，一般赋值的值类型应该和变量的类型是一致的。

(6) 当同时定义多个同一类型的变量，可以在一行上定义这些变量并赋值，也可以在一行先定义，再赋值。

定义变量的语法如下：

> 数据类型 变量名 1, 变量名 2, 变量名 3…；

例如：

```
//目的：依次定义 4 个 int 类型变量并赋值
int a = 10;
int b = 20;
int c = 30;
int d = 40;
//等价于：一次性定义了 4 个 int 类型的变量并为变量赋值
int a = 10, b = 20, c = 30, d = 40;
//也等价于：一次性定义了 4 个 int 类型的变量，再分别为变量赋值
int a, b, c, d;
a = 10;
b = 20;
c = 30;
d = 40;
```

3. 变量名的命名规则

(1) 变量名中只能包含大小写英文字母、数字、下画线、@等字符。

(2) 变量名不能以数字开头，可以以大小写字母，下画线等开头。

(3) 变量名不能与 C# 中的关键字同名，但 C# 允许在关键字前加上前缀@作为变量的名字，如@int 则是合法的变量名。

(4) 如果变量名是由一个单词组成的，那么单词的所有字母需全部小写；如果变量名是由多个单词组合而成的，那么可以使用骆驼式命名法(Camel-Case)，即第一个单词的首字母小写，其余单词的首字母大写的方式。例如：

```
double speed;              //定义一个速度的变量
double ballMoveSpeed;      //定义一个球移动速度的变量
```

(5) 变量名一般应做到"见名知意"。

1.4.2 常 量

常量是一个固定值，在程序执行期间不会发生改变，它们的值定义后不能被修改。常量可以是任何的基本数据类型，在代码中的任何位置都可以使用常量来代替实际值。

1. 常量的声明

常量在声明时需要包含常量的名称和常量的值。常量声明的基本语法如下：

```
[访问修饰符]  const 类型 常量表达式;
```

其中，访问修饰符可以被省略，常用的修饰符可以是 new、public、internal、private 等。

常量声明的方法如下：

```
//方法一：一行只声明一个常量
public const int pi = 3.141593;      //声明一个常量，名为 pi，数值为 3.141593
```

```
//方法二：一行声明多个常量
public const x = 1, y = 2;            //一行声明了两个常量，分别为 x = 1，y = 2
```

理论上，一行可以声明多个常量，但在一般的使用过程中，为了增强代码的可读性，会使用一行声明一个、运用多行声明多个变量的方法。

2. 常量的特点

(1) 常量是一个固定值，在程序执行期间不会被改变。

(2) 常量在声明的同时必须进行赋值。

(3) 在同一个代码块中，常量名不能重名。

(4) 当定义多个同一类型的常量时，可以在一行上声明这些常量并同时进行赋值；也可以一行声明一个，多写几行。

例如：

```
//目的：依次定义 4 个 int 类型常量
public const int a = 10;
public const int b = 20;
public const int c = 30;
public const int d = 40;
//等价于：一次性定义 4 个 int 类型的常量
public const int a = 10, b = 20, c = 30, d = 40;
```

3. 常量名的命名规则

(1) 常量名中只能包含大小写英文字母、数字、下画线、@等字符。

(2) 常量名不能以数字开头，可以以大小写字母，下画线等开头。

(3) 常量名不能与 C# 中的关键字同名，但 C#允许在关键字前加上前缀@作为常量的名字，如 @int 则是合法的常量名。

(4) 如果常量名是由一个单词组成的，那么单词的所有字母需全部小写；如果常量名是由多个单词组合而成的，那么可以使用骆驼式命名法(Camel-Case)，即第一个单词的首字母小写，其余单词的首字母大写的方式。例如：

```
public constdoublespeed = 2;                //定义一个速度的常量
public constdoubleballMoveSpeed = 2;        //定义一个球移动速度的常量
```

(5) 常量名一般应做到"见名知意"。

1.5 运算符和表达式

运算符是一种告诉编译器执行特定的数学或逻辑操作的符号。C# 中有丰富的内置运算符，包括算术运算符、关系运算符、位运算符、赋值运算符、逻辑运算符、三元运算符等。

1.5.1　算术运算符

C# 中支持的算术运算符共有 7 种，分别为 +、-、*、/、%、++、--。

1．+ 和 - 运算符

+：把两个操作数相加。

-：把两个操作数相减。

2．* 和 / 运算符

*：把两个操作数相乘。

/：把两个操作数相除。

3．% 运算符

%：取模运算符，即取两数相除之后的余数。

4．++ 和 -- 运算符

++：自增运算符，在原来值的基础之上加 1。

--：自减运算符，在原来值的基础之上减 1。

++ 或 -- 只能用在变量前面或后面，且变量一定是已经赋值的变量。

示例代码如下：

```
using System;
namespace Test1118
{
    class Program
    {
        static void Main(string[] args)
        {
            int a = 9;
            int b = 4;
            int c;
            c = a + b;                          //两个操作数相加
            Console.WriteLine("c = a + b 的值是{0}", c);
            c = a - b;                          //两个操作数相减
            Console.WriteLine("c = a - b 的值是{0}", c);
            c = a * b;                          //两个操作数相乘
            Console.WriteLine("c = a * b 的值是{0}", c);
            c = a / b;                          //两个操作数相除
            Console.WriteLine("c = a / b 的值是{0}", c);
            c = a % b;                          //求 a 除以 b 的余数
            Console.WriteLine("c = a % b 的值是{0}", c);
            /*      ++ 和 --          */
```

```
        Console.WriteLine("a 的值是{0}", a);              //查看此时 a 的值
        c = ++a;                                          //自加运算符
        Console.WriteLine("执行 ++a 操作以后，a 的值是{0}", a);
        //查看在执行了 ++a 操作之后 a 的值
        Console.WriteLine("c = ++a 的值是{0}", c);
        Console.WriteLine("b  的值是{0}", b);              //查看此时 b 的值
        c = --b; //自减运算符
        Console.WriteLine("执行 --b 操作以后, b 的值是{0}", b);
        //查看在执行了--b 操作之后 b 的值
        Console.WriteLine("c = --b 的值是{0}", c);
        Console.ReadLine();
        }
    }
}
```

程序的运行结果如图 1.30 所示。

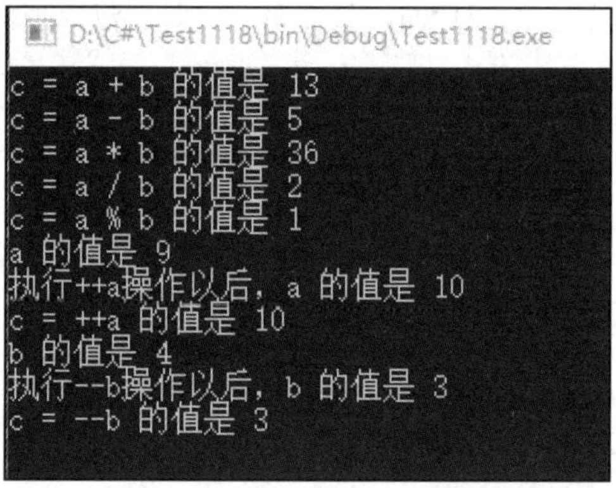

图 1.30　运行结果

注意：

(1) c = a++：先将 a 赋值给 c，再对 a 进行自增运算。

(2) c = ++a：先将 a 进行自增运算，再将 a 赋值给 c。

(3) c = a--：先将 a 赋值给 c，再对 a 进行自减运算。

(4) c = --a：先将 a 进行自减运算，再将 a 赋值给 c。

1.5.2　关系运算符

在 C# 中，关系运算符的运算结果是 bool 类型的，即结果为 true 或 false。C# 中支持的关系运算符共有 6 种，分别为 >、<、==、!=、>=、<=。

一般地，可以定义一个 bool 类型的变量来接收比较结果。例如：

```
        int a = 10;
        int b = 20;
```

```
//先计算出 a > b 的结果
//再将结果赋值给 result 变量
bool    result = a > b;
```

1. > 和 < 运算符

>：检查左操作数的值是否大于右操作数的值，如果是，则结果为 true，否则结果为 false；

<：检查左操作数的值是否小于右操作数的值，如果是，则结果为 true，否则结果为 false。

2. >= 和 <= 运算符

>=：检查左操作数的值是否大于或等于右操作数的值，如果是，则结果为 true，否则结果为 false。

<=：检查左操作数的值是否小于或等于右操作数的值，如果是，则结果为 true，否则结果为 false。

3. == 和 != 运算符

==：检查左右两个操作数的值是否相等，如果相等，则结果为 true，否则结果为 false。

!=：检查左右两个操作数的值是否相等，如果不相等，则结果为 true，否则结果为 false。

注意：(== 与 = 的区别)

(1) == 是关系运算符，用来比较两个值是否相等。相等返回 true，否则返回 false。

(2) = 是基础的赋值运算符。例如"int number = 10;"是将等号右侧的 10 赋值给等号左侧的变量 number。

示例代码如下：

```
using System;
namespace Test111802
{
    class Program
    {
        static void Main(string[] args)
        {
            int a = 9;
            int b = 4;
            if (a == b)                //判断 a 与 b 是否相等
            {
                Console.WriteLine("a 等于 b");
            }
            else
```

```
        {
            Console.WriteLine("a 不等于 b");
        }
        if (a < b)                    //判断 a 是否小于 b
        {
            Console.WriteLine("a 小于 b");
        }
        else
        {
            Console.WriteLine("a 不小于 b");
        }
        if (a > b)                    //判断 a 是否大于 b
        {
            Console.WriteLine("a 大于 b");
        }
        else
        {
            Console.WriteLine("a 不大于 b");
        }
        if (a <= b)                   //判断 a 是否大于等于 b
        {
            Console.WriteLine("a 小于或等于 b");
        }
        if (a >= b)                   //判断 a 是否小于等于 b
        {
            Console.WriteLine("a 大于或等于 b");
        }
        Console.ReadLine();
    }
  }
}
```

程序的运行结果如图 1.31 所示。

图 1.31 运行结果

1.5.3　位 运 算 符

位运算符作用于位，即将操作数转化为二进制后，逐位执行操作。C#中支持的位运算符共有 6 种，分别为 &、|、^、~、<<、>>。

在了解位运算符之前，需掌握如表 1.2 所示的真值表。

表 1.2　位运算符真值表

p	q	p&q	p|q	p^q
0	0	0	0	0
0	1	0	1	1
1	1	1	1	0
1	0	0	1	1

1. & 和 | 运算符

&：二进制 AND 运算符，全真为真，否则为假，也就是说若两个操作数 p 和 q 皆为 1，则 p&q 为 1，否则为 0，如表 1.2 所示。

|：二进制 OR 运算符，全假为假，否则为真，也就是说若两个操作数 p 和 q 皆为 0，则 p|q 为 0，否则为 1，如表 1.2 所示。

2. ^ 运算符

^：异或运算符，相同为 0，不同为 1，也就是说若两个操作数 p 和 q 相同(同为 0 或同为 1 皆可)，则 p^q 为 0，否则为 1。

3. ~ 运算符

~：按位取反运算符，把二进制进行一个变化，1 变成 0，0 变成 1。

4. << 和 >> 运算符

<<：二进制左移运算符，左移就是将运算符左边操作数的二进制各位全部向左移动运算符右边指定的移动位数，低位补 0。其实，移几位就相当于乘以 2 的几次方。例如 5<<3，其中 5 的二进制表示为 101，按照规则，应把 101 的各位全部左移 3 位，低位补 0，即变为二进制 101000，也就是十进制的 40，相当于 5 乘以 2 的 3 次方。

>>：二进制右移运算符，右移就是将运算符左边操作数的二进制各位全部向右移动运算符右边指定的移动位数，低位丢弃。其实，移几位就相当于除以 2 的几次方。例如 40>>3，其中 40 的二进制表示为 101000，按照规则，应把 101000 的各位全部右移 3 位，低位丢弃，即变为二进制 101，也就是十进制的 5，相当于 40 除以 2 的 3 次方。

1.5.4　赋 值 运 算 符

C# 中支持的赋值运算符共有 11 种，分别为 =、+=、-=、*=、/=、%=、<<=、>>=、&=、^=、|=，其详细介绍如表 1.3 所示。其中，常用的赋值运算符为 =、+=、-=、*=、/=、%=。

表 1.3　赋 值 运 算 符

运算符	功　能	说　明
=	最简单的赋值运算符	把右操作数的值赋值给左操作数
+=	加且赋值运算符	把左操作数加上右操作数的值赋值给左操作数，如 c+=a 为把 a+c 的值赋值给 c
-=	减且赋值运算符	把左操作数减去右操作数的值赋值给左操作数，如 c-=a 为把 c-a 的值赋值给 c
*=	乘且赋值运算符	把左操作数乘以右操作数的值赋值给左操作数，如 c*=a 为把 c*a 的值赋值给 c
/=	除且赋值运算符	把左操作数除以右操作数的值赋值给左操作数，如 c/=a 为把 c/a 的值赋值给 c
%=	求模且赋值运算符	把左操作数除以右操作数的余数值赋给左操作数，如 c%=a 为把 c%a 的值赋值给 c
<<=	左移且赋值运算符	c<<=2 等同于 c=c<<2
>>=	右移且赋值运算符	c>>=2 等同于 c=c>>2
&=	按位与且赋值运算符	c&=2 等同于 c=c&2
^=	按位异或且赋值运算符	c^=2 等同于 c=c^2
|=	按位或且赋值运算符	c|=2 等同于 c=c|2

1.5.5　逻辑运算符

逻辑运算符的运算结果通常放在一个 bool 类型的变量中，也就是说，使用逻辑运算符所得的结果是 true 或 false。C# 中支持的逻辑运算符共有 3 种，分别为&&、||、!。

1. && 运算符

&&：逻辑与运算符，如果两个操作数都为真时，则结果为"真"，即 true，否则结果为"假"，即 false。

2. || 运算符

||：逻辑或运算符，如果两个操作数至少有一个为真，则结果为"真"，即 true，否则结果为"假"，即 false。

3. ! 运算符

!：逻辑非运算符，用来逆转操作数的逻辑状态，如果条件为真则逻辑非运算符将其结果变为假。

例如："! (3==2)"中显然"3==2"为假，但通过使用逻辑非运算符使"! (3==2)"的结果为真，即 true，更通俗的理解是"! (3==2)"即"不是三等于二"，这句话是否正确，答案显然是 true。

逻辑运算符中的"逻辑与"和"逻辑或"存在一种短路运算，关于短路计算，需要掌握以下几点：

（1）"逻辑与"连接多个式子时，会从左往右依次执行每一个式子，在这个过程中，只要有一个为假，后面的其他式子便不会再执行，整个式子将返回 false。也就是说，只有当所有式子都被执行，且都为真时，整个式子才为真，只要其中有一个式子为假，则整个式子即为假。

（2）"逻辑或"连接多个式子时，会从左往右依次执行每一个式子，在这个过程中，只要有一个为真，后面的其他式子便不会再执行，整个式子将返回 true。也就是说，只有当所有式子都被执行，且都为假时，整个式子才为假，只要其中有一个式子为真，则整个式子即为真。

1.5.6　三元运算符

三元运算符又称为条件运算符，是 if 语句的一种简化形式，它的基本语法如下：

```
操作数 1 ? 操作数 2: 操作数 3;
```

操作数可以为变量或表达式。操作数 1 相当于 if 语句中的条件，操作数 2 相当于 if 语句中满足条件后应执行的语句，操作数 3 相当于 if 语句中不满足条件应执行的语句。它表示的含义是：如果操作数 1 为真，则输出操作数 2；如果操作数 1 为假，则输出操作数 3。

例如：j = (i == 10 ? 1 : 2)表示如果 i = 10，那么把 1 赋值给 j，否则把 2 赋值给 j。示例代码如下：

```
n = 4 > 9 ? 4 : 9;        //输出结果为 9
n = 4 < 9 ? 4 : 9;        //输出结果为 4
```

1.6　C# 控 制 结 构

在日常生活中，很多时候解决问题的方式并不仅仅是简单步骤的累计，而是需要有所判断，然后根据判断选择方案去执行，比如：如果考试成绩超过了 60 分，就可以取得学分；如果考试成绩低于 60 分，就需要重修这门课程。同样的问题在编程中也存在，而这时候就需要程序有一些特殊的结构能实现判断并做出选择，这就是控制结构。

1.6.1　if 分支结构

条件语句就是按照条件进行判断，并根据判断结果选择执行哪一个分支的语句。其中 if 分支结构主要包括单分支结构、双分支结构和多分支结构三种。

1. 单分支结构的 if 语句

1) 基本语法

```
if(条件)
{
    代码块;        //代码块中可以放 0 条、1 条或多条语句
```

```
        }
    ...
```

2) 执行流程

(1) 如果条件成立，则执行大括号中的代码块。

(2) 如果条件不成立，则不执行代码块内的内容，继续执行结尾大括号下面的其他语句。

2. 双分支结构的 if…else 语句

1) 基本语法

```
    if(条件)
    {
        代码块 1;
    }
    else
    {
        代码块 2;
    }
```

2) 执行流程

(1) 如果条件成立，则执行代码块 1 的语句，执行完代码块 1 内容后，代码块 2 的语句一定不会执行。

(2) 如果条件不成立，则执行代码块 2 的语句，而代码块 1 的语句就不再执行。

综上可知，if…else 表示的是互斥关系，即执行 if 的内容，一定不会再执行 else 的内容。另外，if…else 语句也可用三元运算符来表示，即"条件? 第 1 处结果: 第 2 处结果。"

一般情况下，代码块要用大括号括起来。如果 if 或 else 的代码块中只有一条语句，则大括号是可以省略的，但不推荐省略。

3. 多分支结构语句

1) 基本语法

(1) if…elseif…else 语句。

```
    if(条件 1)
    {
        代码块 1;
    }else   if(条件 2)
    {
        代码块 2;
    }else   if(条件 3)
    {
        代码块 3;
```

```
    }
    ...
    else
    {
        代码块 n;
    }
```

(2) if 嵌套。

```
    if(条件 1)
    {
        if(条件 2)
        {
        }
    }
```

2) 执行流程

if…elseif…else 表示对同一内容进行的多重判断。具体流程为：先判断是否满足条件 1，如果满足，执行条件 1 所对应代码块，执行完后，不会再执行其他的 else if；如果条件 1 不成立，继续往下查看是否满足条件 2，如果条件 2 满足，执行条件 2 对应的代码块，不满足继续判断其他代码块。一般情况下会在最后加一个 else，表示所有的条件都不满足时才执行 else，但这不是必需的，如果不在最后加 else，代码也是可执行的。

1.6.2 switch 分支结构

if 语句只能测试单个条件，如果需要测试多个条件，则要不停使用 if…else，这种分支结构所描写的代码复杂、冗余度高。而 switch 语句允许测试一个变量等于多个值时的情况。

switch 语句的基本语法如下：

```
    switch (表达式)
    {
        case 值 1:
            代码块 1;
            break;
        case 值 2:
            代码块 2;
            break;
        ...
        case 值 n:
            代码块 n;
            break;
    default:
```

```
    代码块 n+1;
    break;
}
```

使用 switch 语句时必须遵循以下规则：

(1) switch 中的 case 可以有多条，每一条最后加 break；当匹配了一条 case 之后，其他 case 不执行，遇到 break 跳出 switch 结构，继续执行大括号下面的语句。

(2) switch 后面小括号内必须是一个整型或枚举类型。即 float、double、byte、short、int、long、sbyte、ushort、uint、ulong 这些类型。

(3) default 语句只能有一条，当所有的 case 都不满足时，执行 default。default 一般是放在最后一个 case 下面，也可以放在其他位置，这不影响其意义。default 中的语句，最后才执行。

(4) 一般情况下，switch…case 结构中的每个 case 后面都需要加 break 语句，但是当需要多个 case 连起来写，且每个 case 里面没有任何内容时，case 可省略，语句会从上往下执行，直到遇见有 break 的 case，才会跳出 switch 结构。

1.6.3　C# 中的循环结构

通常情况下，程序中的语句是顺序执行的，即第一条语句先执行，接着执行第二条语句，依次类推。但有时候可能需要多次执行同一代码块，这时就可以考虑使用循环结构来执行这些语句，这样做可以减少代码量，避免重复输入相同的代码行，而且还可以增加代码的可读性。在 C# 中，常用的循环结构有三种，分别为 while 循环、do while 循环和 for 循环。

任何一种循环结构都包含 4 个要素：
- 初始值：通常是对变量的定义。
- 循环条件：反复执行循环体内容所满足的条件。
- 循环体：反复做的一件事情。
- 迭代操作：改变初始值(i++, i--)。

1. while 循环

while 循环的基本语法如下：

```
while (条件)
{
    循环体;          //可以为一条或多条语句
}
```

语法说明：

当条件成立时，反复执行循环体的内容(即大括号括起来的内容)，直到条件不成立时，不再执行循环体内容，while 循环结束后，继续执行大括号下面的语句。

使用 while 循环时必须遵循以下规则：

(1) 一般情况下，小括号内是一个条件表达式，除此之外，小括号中也可以是一个布尔值(true 或 false)。例如：

```
while (True)
{
    循环体;
}
```

(2) while 循环表示"当……时候，做……事情"，故 while 循环有可能一次也不执行，那么究竟能不能执行，执行几次，这完全取决于条件。

(3) while 循环由语法可分析出，它适合不明确循环次数，但已知循环执行条件的场景，在这种情况下，一般使用 while 循环完成。

2. do…while 循环

do…while 循环的基本语法如下：

```
do
{
    循环体;
} while (条件);
```

语法说明(和 while 循环的区别)：

do…while 循环大部分和 while 类似，唯一的区别是 do…while 循环一开始先执行一次循环体的内容，执行完再去判断 while 后面的条件，如果条件成立，会继续执行循环体的内容；如果条件不成立，则跳出循环，继续执行 do…while 循环后面的语句。也就是说，do…while 循环会至少确保执行一次循环体。

使用 do…while 循环时必须遵循以下规则：

(1) do…while 循环中，while 后面的小括号内是条件，在循环体首次被执行后，只有当条件成立时，才会继续执行循环体的内容。

(2) 在 do…while 循环的结束句 while()后面要跟一个分号，否则会出现语法错误。

(3) do…while 循环的初始值只会执行一次，反复执行的部分是循环条件、循环体和迭代操作。

3. for / foreach 循环

for 循环的基本语法如下：

```
for (表达式 1; 表达式 2; 表达式 3)
{
    //循环体;
}
```

for 循环中语句的执行过程如下：

(1) 先执行表达式 1，为变量赋值。

(2) 再执行表达式 2，即循环条件。如果条件成立，则执行一次循环体，如果条件不成立，则跳出 for 循环，继续执行 for 循环之后的下一条语句。

(3) 每次执行完循环体后，计算表达式 3，对控制变量进行增量或减量操作，再重复执行步骤(2)操作。

for 循环执行的流程图，如图 1.32 所示。

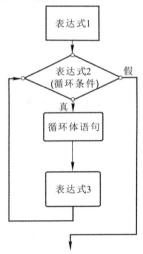

图 1.32   for 循环流程图

foreach 循环的基本语法如下：

```
foreach(数据类型  局部变量  in  集合或者数组)
{
    //循环体;
}
```

foreach 循环中语句的执行过程如下：

(1) 判断集合或数组中是否存在元素，若存在，则执行步骤(2)，否则结束循环，执行 for 循环之后的下一条语句。

(2) 用集合或数组中的第一个元素初始化局部变量，执行循环体。

(3) 判断集合或数组中是否还存在未被判断过的元素，若存在，则继续使用未被判断过的元素中的第一个初始化局部变量，执行循环体，继续步骤(3)；否则结束循环，执行 for 循环之后的下一条语句。

4. 中止循环

1) break

在 C# 中，break 语句的主要应用场景有两种：

(1) while、do…while、for 循环。当 break 语句出现在一个循环体中，程序执行时遇到 break 便会立即终止循环，跳出循环体，继续执行循环外的下一条语句。

(2) switch…case 分支结构。在该结构中，break 可以用于终止 switch 中的一个 case。

2) continue

continue 语句与 break 语句有些相像，但两者又有不同。continue 是用于结束本次循环，继续执行下一次循环，而并非是像 break 那样，直接结束整个循环、继续执行循环外的下一条语句。

continue 语句的含义是当遇到 continue 时，continue 下面的语句不再执行，会执行下一次循环。

3) break 和 continue 的异同点

(1) 相同点：都是用于中止循环。

(2) 不同点：循环中遇到 break，整个循环会被立即中止，跳出循环体，继续执行循环体外的其他语句。循环中遇到 continue，只是表示一轮循环的结束，它还会继续判断循环的执行条件，若符合执行条件，则会继续下一轮循环，只是 continue 下面的其他语句当次不再执行。

4) break 和 continue 的使用场景

(1) break 一般是与总和或总乘积变量做比较。

(2) continue 更多的是对一组数据进行判断，其中某一个或几个不满足条件时，做其他处理后，继续遍历剩下的数据。

例如：打印 50 以内所有的偶数，循环体中可使用 if 语句进行判断。如果是奇数，则直接使用 continue 进行下一个数字的比较。

5. 循环的使用场景

(1) 如果遇到至少需要执行一次的需求或功能，选择 do…while。

(2) 如果需要完成的功能，可以理解为"当满足某条件时，需要做某个事情"，选择 while 循环完成，也可以理解为不能明确知道循环次数时，只能使用 while 循环。

(3) 使用 for 循环完成的功能，大部分可使用 while 循环替代，但是 while 循环完成的功能，for 循环不一定能完成。

for 循环通常情况下更适合应用于一组有规律的数据操作，例如求和、求阶乘、求指定范围内的数据等。

1.7　数　　组

前面谈到值类型中的简单类型，简单类型包括整型、浮点型等，这些变量都只能存储一个值，若要同时存储多个相同类型的数据，应该怎么办呢？使用"数组"便是一个很好的选择。

1.7.1　数组简介

数组是一组类型和名称完全相同的变量所构成的集合，它在内存中需要占据一块连续的存储区域，被占据的这块区域可以存储多个同一类型的数据，这些数据都拥有相同的变量名，可采用一个统一的数组名和不同的下标来确定数组中唯一的元素。定义数组的基本语法如下：

```
数据类型[]    数组名;
```

[]中可以写数组的大小或容量，也可以省略不写。

例如，定义一个 int 类型的数组，用于存储年龄数据 ages，即为

```
int[]    ages;
```

再如，定义一个 float 类型的数组，用于存储多个小球的移动速度 moveSpeeds，即为

```
float[]    moveSpeeds;
```

System.Array 类提供了创建、操作、搜索排序数组等静态方法供程序调用，它是所有数据类型的抽象基类。Array 类常用的方法如下：

(1) Sort()可对一维数组中的元素进行排序。

(2) Copy()可实现数组的合并和拆分。

(3) Clear()可将 Array 中的元素值清除。

(4) Reverse()可逆转整个一维数组中的元素顺序。

C# 的数组初始化方法有三种，下面以存储班级四位学生的年龄数据 ages 为例，进行一一介绍。

【方法一】

基本语法如下：

```
数据类型[]    数组名;
数组名 = { };
```

示例代码如下：

```
int[]    ages;                //先定义;
ages = { 21, 23, 25, 20 };    //后赋值
```

这种数组初始化方式只能在方法里赋值，若在方法外赋值，则系统会报错。

【方法二】

基本语法如下：

```
数据类型[ ]    数组名 = { };
```

示例代码如下：

```
int[4] ages = { 21, 23, 25, 20 };
//或者
int[] ages = { 21, 23, 25, 20 };
```

这种数组初始化方式可以写在方法里，也可以写在方法外。

使用场景：明确已知数组中存储元素的个数，以及每个元素的值。

【方法三】

基本语法如下：

```
数据类型[]    数组名 = new 数组类型[n];
```

示例代码如下：

```
int[] ages = new int[4];
ages[0] = 21;
```

```
        ages[1] = 23;
        ages[2] = 25;
        ages[3] = 20;
```

这种数组初始化方式只能在方法里赋值，若在方法外赋值，则系统会报错。

除了常见的一维数组，还有二维数组，二维数组的初始化主要包括静态初始化及动态初始化两种方式。

静态初始化，例如：

```
    int[ , ] scores = { { 60, 75 }, {70, 85}, {58, 60} };
```

动态初始化，例如：

```
        int[ , ] scores = new int[3, 2];
        // 或：
        int[ , ] scores;
        scores = new int[3, 2];
```

二维数组在表示时，由行和列组成，那么，如何表示二维数组中的某一个元素呢？可采用"数组名[行的索引值，列的索引值]"的方式实现。

例如：scores[2, 1]表示获取 score 数组中第 3 行第 2 列的元素。

注意：在数组中，下标是从 0 开始计算的。

再例如："int[ ] num = new int[4];"，对其分析如下：

(1) 等号左侧的"int[ ] num"会在栈内存开辟区域，存储变量 num。

(2) 等号右侧的"new int[4]"会在堆内存开辟区域，存储数组，元素个数为 4。

(3) 将等号左侧与等号右侧连接，即栈内存中开辟的 num 指向堆内存真正的数组，而栈 num 存储的是 num 数组的地址。

数组元素：数组元素是组成数组的基本单元。数组元素也是变量的一种，其标识方法为数组名后跟一个下标。下标是指元素在数组中的顺序号。数组元素通常也称为下标变量，必须在使用下标变量之前定义数组。

数组长度：内部存储元素的数量。通过"数组名.Length"的方式可以获取数组的长度。

数组中元素的值：数组中指定位置的元素值，即数组名在内存中对应区域的下标标识所对应位置元素的值。

数组的基本语法如下：

```
    数组名[下标标识]
```

注：下标标识是一个整数，从 0 开始。

例如"int[] ages = { 21, 23, 25 };"中的第一个元素是 ages[0]，第二个元素是 ages[1]。ages[1]元素的输出语句为"Console.WriteLine(ages[1]);"。

注：无论静态、动态数组，数组长度一旦定义，就不能再更改其长度。

1.7.2　数组的遍历

在 C# 中，数组的遍历至少有 4 种方法。

【方法一】 直接利用数组元素的下标。

若想遍历数组 ages[0], …, ages[i]中的第一个数组，示例代码如下：

```
Console.WriteLine(ages[0]);
```

如果想查看结果可以将其放到打印语句中，但是这种方法重载代码太多、太烦琐。

【方法二】 使用标准的 for 循环。

示例代码如下：

```
for (int i = 0; i < 数组名.Length; i++)
{
    Console.WriteLine(ages[i]);
}
```

【方法三】 使用 while 或 do while 循环。

这两种循环不如 for 循环结构简单。使用 while 循环实现数组遍历的示例代码如下：

```
int i = 数组名.Length-1;
while(i<0)
{
    Console.WriteLine(ages[i]);
    i--;
}
```

【方法四】 foreach 循环。

示例代码如下：

```
foreach(数组类型  变量名  in  数组名)
{
    Console.WriteLine(变量名);
}
```

数组的遍历常应用于排序中，例如：冒泡排序、选择排序等，冒泡排序及选择排序的核心代码如下所示。

(1) 冒泡排序核心代码(最大值在第一轮的时候冒到最后)。示例代码如下：

```
for (int i = 0; i < 数组名.Length – 1; i++)          //外层循环控制比较多少轮
{
    for (int j = 0; j < 数组名.Length – 1; j++)      //内层循环控制每一轮比较的次数
    {
        if (n[j] > n[j + 1])
        {
            int temp = n[j];                         //将 n[j]的值赋给 temp
            n[j] = n[j + 1];                         //为 n[j]重新赋值
```

```
        n[j + 1] = temp;                    //为 n[j+1]赋值
      }
    }
  }
```

(2) 选择排序核心代码。

首先在未排序序列中找到最小元素，并存放到排序序列的起始位置，然后从剩余未排序元素中继续寻找最小元素，放到已排序序列的末尾。以此类推，直到所有元素均排序完毕。示例代码如下：

```
    for (int i = 0; i < 数组名.Length - 1; i++)
    {
        for (int j = i + 1; j < 数组名.Length; j++)
        {
            if (n[i] > n[j])
            {
                int temp = n[i];
                n[i] = n[j];
                n[j] = temp;
            }
        }
    }
```

1.8　方　　法

方法就是一段代码，这段代码可能有输入值，可能有返回值。一个方法就像一口锅，米和水就像参数，把米和水放进锅里才能做好饭。方法就是如此，需要我们给它一些参数，然后它可能会给我们一些返回值。

1.8.1　方法的定义

一个方法就是把一些相关的语句组织在一起，用来执行一个任务的语句块。方法的主要作用是将代码进行重用的一种机制，从而避免出现过多的冗余代码，以方便后期维护。方法在类或结构中声明，声明时需要指定访问级别、返回值、方法名称以及参数。方法参数放在括号中，并用逗号隔开。空括号表示该方法不需要参数。

1. 基本语法

方法的基本语法如下：

```
    修饰符　返回值类型　方法名称 (参数列表)
    {
```

```
        方法体
    }
```

例如：

```
static void Main(string[] args)
{


}
```

2. 方法名称

在 C# 中，方法名称的命名多采用帕斯卡(Pascal)命名法。帕斯卡命名法与 1.4 小节中提到的骆驼式命名法稍有区别，两者的区别在于名称中第一个单词的首字母为大写还是小写，其中，帕斯卡命名法要求名称中单词的首字母大写。比如：Main()、DisplayInfo()等。

3. 方法的返回值

方法的返回值指方法在执行完毕后需要返回给调用者的内容。当"返回值类型"为 void 时，该方法不需要有任何返回值，即该方法中无需出现 return 语句，除此之外，"返回值类型"还可以使用任意类型，包括但不限于 int、double 等，具体使用哪种类型，需根据方法所实现的功能来定义。需要注意的是，方法中设置的 return 值必须与返回值类型一致，并且所有的正常执行分支都必须具有返回值，否则会报错。

4. 参数列表

当有多个参数时，多个参数之间使用","进行分隔，从而构成参数列表。

参数包括形式参数，又称"形参"；实际参数，又称"实参"。具体介绍如下：

(1) 形式参数：指定义方法时，在方法名后的小括号中所写的参数，可以写也可以不写。例如：

```
static void IsNarcNumber(int number)
{
}
```

这个方法中仅有一个参数 number，其为形式参数。

(2) 实际参数：指其他方法调用某些方法时，调用时在方法名后添加的有实际值的参数。例如：

```
int n = 60;
IsNarcNumber(n);
```

注意：将实际参数传递给形式参数。在传递过程中，参数的类型和个数要匹配，否则会报错。

1.8.2　方法的调用与重载

1. 方法的调用

方法定义以后，可以在合适的位置进行调用。其基本语法如下：

```
方法名();
    //或
方法名(参数列表);
```

同步方法调用主要有三种情形:

(1) 调用不带参数的、无返回值的方法。调用时,只需要写"方法名()"即可。

(2) 调用带有参数的、无返回值的方法。调用时,只需要在小括号内依次填写对应参数即可。

(3) 调用带有参数的、有返回值的方法。调用时,只需要在小括号内依次填写对应参数即可。需要注意的是,带返回值的方法必须使用"return 特定类型的返回值"。

注意:

对于带有默认参数的方法,在声明时,注意所有的默认参数要放在参数列表最后。调用的时候,从前往后读取参数,缺项会自动按照默认参数进行读取。

在方法定义时,需要考虑被定义的方法是否需要给调用者返回结果。如果不需要,定义方法时,返回值类型应该写成 void;如果需要,返回值类型不能写成 void。这需要视情况而定,有时也可以是 int、float、double 等。

2. 方法的重载

方法重载是一种使用机制,可在编码中解决。如果需要完成相同的功能,但需要的参数个数或类型不一样,这时就需要使用方法重载了。能够构成方法重载的条件如下:

(1) 必须是一个类的一组方法(方法至少有 2 个)。

(2) 这组方法的特点必须满足如下条件:方法名完全相同,但是方法的形式参数个数或参数类型不相同。当调用时,编译器会根据给定的实际数据进行自动匹配,找到最合适的方法去执行。匹配时,会自动向上匹配。

例如:若 Add(int a, float b)为第一个方法,Add(double a, float b)为第二个方法,那么 Add(1.1f, 1.1f)则会自动匹配第二个方法。

注意:方法重载与返回值没有任何关系。

1.9　面向对象编程

前面几节介绍了 C# 的语法和基础知识,据此我们已经可以写出一些控制台应用程序了。但是,要了解 C# 语言的强大功能,还需要使用面向对象编程(Object-Oriented Programming,OOP)技术,实际上,前面的例子已经在使用这些技术,但没有重点讲述。本节先介绍 OOP 基础知识,学习如何在 C#中定义类、创建对象,包括基本的类定义语法、创建对象语法;然后介绍如何定义类成员,包括如何定义字段和方法等成员;最后讲解面向对象编程的特性,并介绍一些高级技术,包括结构、集合等。

1.9.1　类、对象和结构

1. 类

类是组成程序最基本的单元,能够以 class 为关键字来创建一个类。程序中的类,可以认为它是一种模板，是不存在的东西，但将来可以根据类这个模板，构建很多具体的真正存在的实物(也就是对象)。而这个模板的作用，就是规范这个类应该包含的特征和行为。

创建类的基本语法如下：

```
访问修饰符　class　类名
{

}
```

注：

(1) 类名一般是具体的名词，命名使用帕斯卡命名法。

(2) 类定义时，需要使用一组大括号。

(3) 可在 class 前添加访问修饰符，如 public、private、protected、internal 等，也可以不加。如果没有指定，则使用默认的访问修饰符，其中，类的默认访问修饰符是 internal，成员的默认访问修饰符是 private。

2. 对象

对象就是根据类这个模板产生的具体实物。符合这个模板的实物可以有多个，所以在程序中可以创建多个对象。使用 new 关键字可创建多个对象，创建几次就会产生几个对象。使用类创建出来的对象，都具备模板中所定义的规范(特征和行为)，对象被创建出来之后，会被存储在堆栈中。

创建对象的基本语法如下：

```
类名 变量名 = new 类名();
```

定义一个角色类的示例代码如下：

```
class Role
{

}
//创建一个具体的角色对象，名字：role1、role2
Role role1 = new Role ();
Role role2 = new Role ();
```

一般情况下，类单独写在一个.cs 文件中，如果要根据类产生对象，则通常会选择创建一个新的类。

3. 结构

1) 结构的基本语法

```
struct　结构名
{
    //成员
}
```

注：结构的命名方式和类是一样的。

2) 结构中的内容

类中可以放的内容，大部分都可以放在结构中。具体如下：

(1) 字段。

(2) 普通方法。

(3) 含有参数的构造方法。

(4) 不能放无参数的构造方法。

3) 结构的特点(结构和类的区别)

(1) 结构是一种值类型的数据，创建一个结构对象时，不必使用 new 来创建，一般也不会这样用，但是如果使用也不会报错。例如：

```
Point p = new Point();
```

(2) 结构属于值类型，类属于引用类型。例如：

```
Point p = new Point(20);              //类
Point p;
p.x = 20;                             //结构
```

(3) 当描述的对象是比较复杂或字段较多时，就要使用类。当描述一种包含多个值的对象，但它是一种轻量级的数据类型时，就要使用结构。

1.9.2　类中的字段和方法

为了更好地描述模板，通常需要在模板类中添加一些特定的成员内容。成员包括两部分：

(1) 字段：特征，即该成员有什么。

(2) 方法：行为，即该成员能做什么。

注：本小节的字段和方法暂时使用 public 修饰。

例如模拟大象放到冰箱这件事的代码，Elephant.cs 类需完成如下功能：

(1) 大象类。

(2) 用于描述大象所包含的基本信息(字段：名字，品种，性别，年龄，颜色，身高，体重等；方法：吃东西，睡觉，表演等)。

示例代码如下：

```
//字段(全局变量)，即：特征
public string name;          //名字
public char sex;             //性别
public int age;              //年龄
public string kind;          //品种 brand 品牌
public float height;         //身高
public double weight;        //体重
```

```
    public bool isMarry;              //是否找到了小伙伴
//方法，即行为
//方法一：吃东西
public void Eat()
{
        Console.WriteLine("Eating...");
}
//方法二：表演
public void Show()
{
        Console.WriteLine("showing...");
}
```

当对象使用 new 关键字被创建出来后，每个对象都会具备类中所定义好的一份内容(字段和方法)，而且每个字段都会有默认值。但是，如果想为对象的字段重新赋值，就需要：

(1) 访问类中某些字段，访问方法为"对象名.字段;"。

(2) 当前操作的对象的某些字段赋值，访问方法为"对象名.字段名=具体的值;"。

构造方法时，应注意以下几点：

(1) 构造方法的方法名和类名是完全相同的。

(2) 一个类可以包含多个构造方法，构造方法可以有参数，也可以无参数。

(3) 构造方法的作用：在使用 new 创建对象时，可以为对象的字段赋值。

(4) 方法的调用：当使用 new 关键字创建对象时，编译器会自动调用构造方法，调用何种构造方法，取决于 new 后面类名中的小括号里有没有写参数。例如：

```
    Book b1 = new Book();              //无参数
    Book b2 = new Book("Unity");       //1 个参数
    Book b3 = new Book("Unity"，89);   //2 个参数
```

注：当字段和形式参数出现重名时，应该使用 this 关键字。

下面以创建一个游戏角色类 Role.cs(字段：角色名字、性别、等级；方法：进攻)为例，同时创建一个测试类 RoleTest.cs 来测试类中创建的不同角色，示例代码如下：

(1) 角色类 Role.cs。

```
    //段(全局变量)，即：特征
    public string roleName;            //角色名称
    public char roleSex;               //角色性别
    public int roleLevel;              //角色等级
    public int roleAge;
    //构造方法------无参数(注：一般都会加上无参数的构造方法)
    public Role()
    {
    }
```

```
//构造方法------含有 1 个参数
public Role(string roleName)
{
    this.roleName = roleName;        //赋值给 roleName 字段
}
//构造方法------含有 3 个参数
public Role(string roleName，  char roleSex，  int roleLevel)
{
    this.roleName = roleName; //this.roleName 表示的是字段，等号右侧的表示的是形式参数
    this.roleSex = roleSex;
    this.roleLevel = roleLevel;
}
//方法
//方法：进攻
public int Attack()
{
    return roleLevel * 5;        //计算进攻伤害值：等级*固定值 5
}
```

(2) 测试类 RoleTest.cs。

```
static void Main(string[] args)
{
    Role role1 = new Role();              //创建一个角色对象，对象名 role1
    Role role2 = new Role();              //通过"对象名.字段名 = 值"为所有字段赋值
    role2.roleName = "角色 2";            //为 role2 的"角色名称"字段赋值
    role2.roleSex = '男';                 //为 role2 的"角色性别"字段赋值
    role2.roleLevel = 10;                 //为 role2 的"角色等级"字段赋值
    Console.WriteLine("角色名字： " + role2.roleName);       //访问 role2 对象的字段值
    Console.WriteLine("角色性别： " + role2.roleSex);
    Console.WriteLine("角色等级： " + role2.roleLevel);
    Console.WriteLine(role2.Attack()); //访问 role2 对象的进攻方法，以此获取进攻值
    //创建一个角色对象 role3，通过构造方法为对象的字段赋值分别："貂蝉", '女', 15
    Role r3 = new Role(
        "貂蝉",                           //角色名字
        '女',                            //角色性别
        15);                             //角色等级
    Console.WriteLine("名字： " + r3.roleName);              //访问 r3 对象的所有字段值
    Console.WriteLine("性别： " + r3.roleSex);
    Console.WriteLine("等级： " + r3.roleLevel);
```

```
        Role r4 = new Role(
            "吕布",                        //角色名字
            '男',                          //角色性别
            15);                          //角色等级
        Console.WriteLine("名字: " + r4.roleName);      //访问 r4 对象的所有字段值
        Console.WriteLine("性别: " + r4.roleSex);
        Console.WriteLine("等级: " + r4.roleLevel);
    }
```

1.9.3　面向对象编程的特性

1. 封装性

广义封装: 从整个项目的设计角度出发。

狭义封装: 通过访问修饰符来控制类中成员的访问权限(作用范围)。

1) 实现狭义封装时应该注意类的包含内容

(1) 类中的字段(特征)、类中的方法(行为)。

(2) 类中的字段私有化(private),类中的方法公开化(public)。

2) 访问修饰符

如果创建了一个类,并且类中添加了字段和方法,但是字段或方法却省略了访问修饰符,那么省略的其实是 private,也就是说,字段和方法的默认权限是 private。对于类来说,如果 class 前面省略了访问修饰符,那么省略的其实是 internal。

3) 属性语法

```
public 返回值类型 属性名
{
    get { return 字段名; }
    set { 字段名 = value; }
}
```

注:

(1) 属性名和字段名是对应的,值得注意的是,属性名应该首字母大写。

(2) 一个属性中对应两个方法,分别是 get 和 set,通过 get 访问字段的值,通过 set 设置字段的值。

(3) 利用属性访问或设置值的语法:

```
对象名.属性名 = 值;        //设置值
对象名.属性名;            //访问值
```

(4) 将具体值设置到字段上时,有一个隐含的变量 value,先将具体值交给 value 变量,再由 value 变量给字段,其中,value 的类型会与当前操作的字段匹配。

4) 只读属性和只写属性

(1) 只读属性：只有 get 访问器的属性为只读属性，此属性不定义 set 访问器。

(2) 只写属性：只有 set 访问器的属性为只写属性，此属性不定义 get 访问器；

5) 常规属性和自动属性

(1) 常规属性：需要人为具体地实现 get 访问器或者 set 访问器，一般需要有一个字段与之相对应。

(2) 自动属性：无需自己再定义私有字段，系统会在自动属性中自动添加一个对应的私有字段。自动属性中的 get 和 set 必须成对出现，不能再设置只读或只写一种权限，不能在 set 中添加业务代码，对字段的值进行判断的操作。

字段私有化,方法公开化。一个私有化字段对应一个标准属性(包含两个方法get和set)。

例如：创建一个多选试题 MultiQuestion.cs(字段：题号、题干、选项、多个答案，方法 Print()：打印题到控制台方法，Check(string [] inputAns)：判断试题的正误，构造方法)。

示例代码如下：

```
class MultiQuestion
{
    public int No { get; set; }              // no 字段添加自动属性
    public string Text { get; set; }          // text 字段添加自动属性
    public string[] Options { get; set; }      // options 字段添加自动属性
    public string[] Answers { get; set; }      // answers 字段添加自动属性
                                              // Print()：用于打印一道题的内容到控制台
    public void Print()
    {
        Console.Write(No + ".");    //题号
                                    //注：No 是自动属性添加的，获取 No 属性对应的字段值
        Console.WriteLine(Text);         //题干
        foreach (string opt in Options)    //选项(数组)，需要遍历
        {
            Console.WriteLine(opt);
        }
    }
    //用于判断传递过来的用户输入的答案和给定的正确答案是否一致
    //返回 true，说明用户输入答案和给定的正确答案完全相等
    //否则，返回 false</returns>
    public bool Check(string[] inputAns)
    {   // inputAns[]：用户输入的答案 A，B，C
        // Answers[]：正确答案
        //合理性判断
```

```
//如果用户答案的个数和给定的正确答案的个数不一致
//这时，直接返回 false 就可以，内容根本不需要比较
if (inputAns.Length != Answers.Length)
{
    return false;//返回 false
}
//1. 先使用 Array.Sort()对两个数组排序
Array.Sort(Answers);          //正确答案
Array.Sort(inputAns);         //用户答案
                              //2. 使用 for 循环遍历数组的每一项内容
                              //循环条件：写成 i<Answers.Length 或 inputAns.Length
for (int i = 0; i < Answers.Length; i++)
{   //依次取出正确答案的每一项和用户答案的每一项进行比较
    //一旦遇到两个不相等，直接返回 false
    //否则，当 for 循环执行结束，都没有出现 false
    if (!Answers[i].Equals(inputAns[i]))
    {
        return false;
    }
}
//3.表示 for 循环执行结束，都没有出现不相等
//也就是证明答案中的每一项都是相等的，证明用户输对了
return true;
    }
}
```

2. 继承性

(1) C# 中的继承，也就是子父类关系。

(2) C# 中的继承符号为冒号。

注：子类类名的后加上冒号，表示冒号后是一个父类的类名。

(3) C# 中的继承是单层继承。

(4) C# 中的继承具有传递性，例如：

- class A {　　} --- 爷爷 A。
- class B : A {　　} --- 父亲 B。
- class C : B {　　} --- 儿子 C。

C 类继承了 B 类，C 就具备了 B 类的所有内容，B 类又继承了 A 类，B 类就具备了 A 类的所有内容，而对于 C 来说，C 类不光具备了 B 类的内容，同时，隐式地具备了 A 类中的内容。

(5) 子类继承了父类，父类的全部内容都会被子类继承。但是，全部内容中有一些比

较特殊的内容值得注意：

① 父类私有的内容：表面上看，是访问不到，但是实际是继承了，只是暂时访问不到。可以通过反射等操作拿到相关数据。

② 父类的构造方法：构造方法是不能继承的，但是子类可以使用。

3. 多态性

同一操作作用于不同的对象，可以有不同的解释，产生不同的执行结果，这就是多态性。多态性通过派生类覆写基类中的虚函数型方法来实现。多态性分为两种，一种是编译时的多态性，一种是运行时的多态性。

编译时的多态性：通过重载来实现的。对于非虚的成员来说，系统在编译时，根据传递的参数、返回的类型等信息决定实现何种操作。

运行时的多态性：通过覆写虚成员实现。直到系统运行时，才根据实际情况决定实现何种操作。

使用"父类变量指向子类对象"的方式创建对象的过程称为向上转型。向上转型后，对象就具备了父类型和子类型。程序会根据运行期间对象的所属类型来决定执行子类还是父类中的方法。如果子类重写了，则执行子类自己的，如果子类没有重写，则执行父类的，如果父类也没有，就会报错。

1.9.4　集合

集合与数组比较相似，都可以用来存储和管理一组具有相似性质的对象。但是数组在初始化后就不能再改变其大小，也不能够实现在程序中动态地添加或删除元素，具有很大的局限性，而集合可以解决数组中的这些问题。

1. ArrayList

ArrayList 是 System.Collections 命名空间中的类，它代表了可被单独索引的对象的集合，类似于数组，被称为动态数组，它与普通数组的不同之处是可以使用索引在指定位置做添加或删除的操作，并允许在列表中进行动态内存分配、搜索、排序等操作。

创建 ArrayList 可以使用 3 种重载构建函数中的某一种，具体如下：

```
//1. 使用默认的初始容量创建 ArrayList，该实例没有任何元素
public ArrayList();
//2. 使用实现了 ICollection 接口的集合类来初始化新创建 ArrayList
public ArrayList(ICollection c);
//3. 指定一个整数值来初始化 ArrayList 的容量
public ArrayList(int capacity);
```

注：必须在 using 区添加 System.Collections 的命名空间。

2. List<T>

创建 List 集合的基本语法如下：

```
List<集合>
```

3. <T>

T 数据类型可以是 int、byte、short、string、bool、char 等。

4. 泛型

(1) 具有类型限制，会对集合中的数据类型进行限制。

(2) 允许延迟编写类或方法中的编程元素的数据类型的规范，直到实际在程序中使用它的时候，再指定该元素的数据类型的规范。

(3) <T> 表示泛型的写法，T 指的是一种数据类型。

(4) 泛型是一种编译期的类型(运行之前会进行语法检查)，针对泛型的语法检查主要是为了检查类型是否匹配。

5. List 集合常用方法

List 集合和 ArrayList 集合一样，提供了以下常用的方法：

(1) Count()：获取 List 集合中符合条件的个数。

(2) Add()：在 List 集合中添加单个元素。

(3) Remove()：删除第一个在 List 集合中出现的指定对象。

(4) RemoveAt()：根据索引删除 List 集合中出现的对象。

(5) Reverse()：反转 List 集合中元素的顺序。

(6) Contains()：通过使用默认的等式比较器(EqualityComparer<T>.Default 返回的值)来确定相等。

(7) ToArray()：将 List 集合转换为对应的数组。

6. Dictionary 字典

1) Dictionary 基本语法

```
Dictionary<TKEY, TVALUE>dic = new    Dictionary < TKey, TValue > ();
```

键值对为

```
Dictionary<int, string> names = new ...
```

2) Dictionary 存储数据的方法

使用键值对的形式存储。使用哈希数据结构来存储键和值，既快速又高效。存放字典中的每个元素由 key 和 value 两部分组成。其中，字典中的 key 值不能重复，否则会报错；value 值可以重复。

集合中的所有 key 值，可以通过方法获取，是一个集合。

集合中的所有 value 值，可以通过方法获取，是一个集合。

3) 常用的方法

(1) 创建 Dictionary 集合。

(2) 获取集合中的所有 key 值。

(3) 获取集合中的所有 value 值。

(4) 获取集合中元素的个数(长度)。

(5) 查找集合中是否存在指定的 key 值。

(6) 查找集合中是否存在指定的 value 值。

7. 集合总结

(1) ArrayList 集合已经过时，基本不再使用。如果在代码中使用，则需要手动导入命名空间 using System.Collections。

(2) List<T> 替代了 ArrayList 的操作。List<T> 所在的命名空间为 System.Collections. Generic。

这样替代的优点是：

① 提示了增删改查的常用方法；

② 允许出现相同值的元素。

注意：使用 List<T>存储数据时，第一个集合元素下标为 0，后面为 1、2、3 等。

(3) Dictionary<Tkey，TValue> 字典集合以键值对的形式存储数据，所在的命名空间为 System.Collections.Generic。

第 2 章　Unity 基 础

2.1　Unity 基础知识

2.1.1　什么是 Unity

1. Unity 简介

Unity 是由 Unity Technologies 公司开发的用于轻松创建诸如三维视频游戏、建筑可视化和实时三维动画等类型的多平台综合型游戏开发工具,它是一个国际领先的专业游戏引擎。Unity 图标如图 2.1 所示。

图 2.1　Unity 图标

Unity 引擎具有很大的灵活性,它使开发者能够为 20 多个平台创作和优化内容,这些平台包括 iOS、安卓、Windows、Mac OS、索尼 PS4、任天堂 Switch、微软 Xbox One、谷歌 Stadia、微软 Hololens、谷歌 AR Core、苹果 AR Kit、商汤 SenseAR 等。Unity Technologies 公司的研发团队超过 1800 人,同时其跟随合作伙伴迭代,以确保在最新的版本和平台上提供优化支持服务。

Unity 不仅提供创作工具,还提供运营服务来帮助创作者。这些解决方案包括:Unity Ads 广告服务、Unity 游戏云一站式联网游戏服务、Vivox 游戏语音服务、Multiplay 海外服务器托管服务、Unity 内容分发平台、Unity Asset Store 资源商店、Unity 云构建等。

Unity 总部位于美国加利福尼亚州旧金山,并在丹麦、比利时、立陶宛、哥伦比亚、加拿大、中国、芬兰、瑞典、德国、法国、日本、英国、爱尔兰、韩国和新加坡设有办公室。创作者遍布全球 190 个国家和地区。

Unity 自 2004 年成立以来,获得了长足发展。截至 2020 年 6 月 30 日,Unity 在全球拥有 3379 名全职员工。2019 年,Unity 营收达到 5.41 亿美元。2020 年 9 月 18 日,Unity 在纽约证券交易所上市。在美国《快公司》发布的 2019 年最具创新力的 50 家公司榜单企业板块排名中位列第一,整体创新能力排名第 18。

2. Unity 实际应用

Unity 3D 是目前主流的游戏开发引擎，尤其在 VR 设备的开发中，Unity 3D 游戏开发引擎具有统治地位。Unity 3D 能够创建实时、可视化的 2D 和 3D 动画游戏。Unity 3D 行业前景广泛，在游戏开发、虚拟仿真、动漫、教育、建筑、电影等多个行业中得到了广泛的应用。其实际应用主要表现在以下几个方面。

(1) Unity 3D 在虚拟仿真教育方面的应用。

虚拟现实技术应用于教育，这是教育技术发展的一个大的飞跃。它为学生营造了一个"自主学习"的环境，由传统的"以教促学"的学习方式代之为学习者可以通过自身与信息环境的相互作用来得到知识、技能的新型学习方式。Unity 3D 在虚拟仿真教育方面的应用如图 2.2 所示。

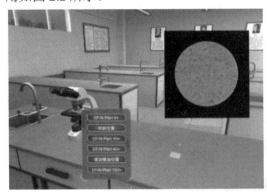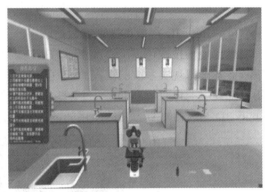

图 2.2　Unity 3D 虚拟仿真教育方面的应用

(2) Unity 3D 在军事航空领域的应用。

模拟训练一直是军事航空领域一个重要的研究课题，这也为 VR 提供了广阔的应用前景。利用 VR 技术，可模拟零重力环境，以代替现在非标准的水平下训练宇航员的方法。Unity 3D 在军事航空领域的应用如图 2.3 所示。

图 2.3　Unity 3D 在军事航空领域的应用

(3) Unity 3D 在室内设计方面的应用。

虚拟现实不仅仅是一个演示媒体，它还是一个设计工具。它通过视觉的形式，反映了设计者的思想，比如在装修房屋之前，对房屋的结构、外形做细致的构想。VR 技术可以让设计者完全按照自己的构想去装饰"虚拟"的房间，并可以任意变换自己在房间中的位置去观察设计的效果，直到满意为止。这样做既节约了时间，又节省了做模型的费用。Unity

3D 在室内设计方面的应用如图 2.4 所示。

图 2.4　Unity 3D 在室内设计方面的应用

(4) Unity 3D 在城市规划方面的应用。

虚拟现实技术可以广泛应用于城市规划的各个方面,并且可以带来可观的利益。展现规划方案虚拟现实系统的沉浸感和互动性不但能够给用户带来强烈、逼真的感官冲击,获得身临其境的体验,还可以通过一些数据接口,在虚拟的环境中随时获取项目的数据资料。Unity 3D 在城市规划方面的应用如图 2.5 所示。

图 2.5　Unity 3D 在城市规划方面的应用

(5) Unity 3D 在房产开发方面的应用。

随着房地产开发的激烈竞争,传统的展示手段,如平面图、沙盘、样板房等已经远远无法满足消费者的需求。因此,敏锐把握市场动向,果断启用最新的研发手段作为生产力,便可领先一步。虚拟现实技术是集影视广告、动画、多媒体、网络科技于一身的最新房地产营销方式，同时也在房地产开发的其他环节起着重要作用。Unity 3D 在房产开发方面的应用如图 2.6 所示。

图 2.6   Unity 3D 在房产开发方面的应用

3. Unity 的特性

Unity 的特性是一系列辅助性的功能，在综合编辑、跨平台、精简流程等很多方面非常有用。其大致可总结为以下五点：

(1) Unity 作为游戏引擎，具有综合编辑功能，它能够完成关于 3D 效果制作的一些最为基本的编辑过程。

(2) Unity 提供了精简直接的工作流程及强大的工具集，使得游戏开发周期大幅缩短。

(3) Unity 编辑器可运行在 Windows、Linux 等多平台，其最大的特点是通过一次开发就可以部署到时下所有主流游戏平台。目前 Unity 能够支持发布的平台有 23 个以上，用户无须进行二次开发和移植，就可将产品部署到相应平台，节省了开发时间和精力。

(4) Unity 自带图形动力特性。在完成和 Unity 3D 有关的一些项目任务时往往会需要使用该功能。

(5) Unity 的是资源导入特性，能够实现多功能操作，在完成关于 Unity 3D 工作任务的时候，可以将一些自己希望导入的信息或者是图片导入到 Unity 3D 当中，以达到预期的效果。

4. Unity 的优点

近年来，游戏开发市场竞争十分激烈，各游戏公司均需快速开发新的游戏来占领市场份额，好的游戏引擎可以达到事半功倍的效果。Unity 作为目前炙手可热的游戏开发引擎，其优势不容小觑。

(1) 高能、低价、易用。Unity 3D 游戏开发引擎拥有完善的技术以及丰富的个性化功能，且易于上手，降低了对游戏开发人员的要求。

(2) 跨平台。开发人员可以通过不同的平台进行开发。在游戏开发完后即可一键发布到常用的主流平台或运营商的目标平台上。

Unity 3D 游戏可发布的平台包括 Windows、Linux、Mac OS、iOS、Android、Xbox360、PS4 以及 Web 等。跨平台开发可为游戏开发者节省大量时间。

(3) 综合编辑。Unity 3D 的用户界面具备视觉化编辑、详细的属性编辑器和动态游戏预览等特性。

(4) 资源导入。项目可以自动导入资源，并根据资源的改动自动更新。Unity 3D 支持几乎所有主流的三维格式，如 3ds Max、Maya、Blender 等，贴图材质自动转化为 U3D 格式，并能和大部分相关应用程序协调工作。

(5) 脚本语言。Unity 3D 集成了 MonoDeveloper 编译平台，支持 C#、JavaScript 和 Boo 三种脚本语言，其中 C#和 JavaScript 是游戏开发中最常用的脚本语言。

(6) 一键部署。Unity 3D 只需一键即可完成作品的多平台开发和部署，让开发者的作品在多平台呈现。

(7) 联网。Unity 3D 支持从单机应用到大型多人联网游戏的开发。

(8) 着色器。Unity 3D 着色器系统整合了易用性、灵活性、高性能等特点。

(9) 地形编辑器。Unity 3D 内置强大的地形编辑系统，该编辑系统可使游戏开发者实现游戏中任何复杂的地形，支持地形创建和树木与植被贴片，支持自动的地形 LOD、水面特效。

(10) 物理特效。Unity 3D 内置 NVIDIA 的 PhysX 物理引擎，游戏开发者可以用高效、逼真、生动的方式复原和模拟真实世界中的物理效果，例如碰撞检测、弹簧效果、布料效果、重力效果等。

(11) 光影。Unity 3D 提供了具有柔和阴影，以及高度完善的烘焙效果的光影渲染系统。

5. Unity 的缺点

Unity 作为一个相对而言"年轻"的引擎，诸多优点在短时间内备受游戏开发者的喜爱，但其也有很多地方值得改进。

(1) 资源收费。在开发过程中，很多 Unity 资源以及所用到的插件都是收费的。

(2) 平台限制。由于 iOS 平台的一些限制，Unity 很难做动态代码的更新。程序一旦稳定了，其需要频繁更新代码的机会非常少，更多的是更新配置和资源。

(3) 需要适应。可能有些人不熟悉 Unity，从而选择了开源的 cocos2d-x。适应 Unity 的框架、工作方式需要一定的时间。

(4) 打包不方便。由于 Unity 中资源对应的配置有很大的重要性，所以一个 Unity 功能就是资源+代码的整合，很难分出一个资源包。

(5) 大众化操作需考虑。Unity 很多设计都是为可视化编辑考虑的，比如 2D 的动画放几张图片就可以搞定，但是如果每张图片都有一定的偏移，那就需要重新实现帧动画功能加载配置文件来实现。

2.1.2 Unity 发展史

1. Unity 由来

2004 年，有 3 位年轻人在开发他们的第一款游戏失利后，决定建立一家游戏引擎公司。起初，他们的想法是要让全世界的开发人员可以使用最少的资源来创建出个人喜欢的游戏。谁也不曾想到，10 年以后，这个起初并不起眼的公司已经发展成为游戏引擎公司巨头，而他们的游戏引擎也成为世界上应用最广泛的游戏引擎。这个公司就是 Unity Technologies，这 3 位年轻人分别是公司创始人 David Helgason(CEO)、Nicholas Francis(CCO)

和 Joachim Ante(CTO)，3 位创始人的初衷也得以实现。

2. Unity 发展历程

2004 年，Unity 诞生于丹麦。

2005 年，Unity 将总部设在美国旧金山，同时发布了 Unity 1.0 版本(应用于 Web 项目和 VR 开发)。

2006 年，Unity 发布了 Unity1.5 版本。

2007 年，Unity 发布了 Unity2.0 版本——新增了地形引擎、实时动态阴影、网络多人联机等功能。

2008 年，Unity 引擎可以在 Windows 平台开发，并且支持 iOS 和 Wii。

2009 年，Unity 发布了 Unity2.5 版本——推出 Windows 版本，支持 iOS 和 Wii 任天堂游戏机。

2010 年，Unity 发布了 Unity3.0 版本——支持 Android 平台。

2011 年，Unity 可以支持 PS3 和 Xbox360。

2012 年，Unity 发布了 Unity4.0 版本——支持 Web 及其他游戏平台。

2013 年，Unity 3D 引擎覆盖了越来越多的国家，全球用户已超过 150 万。

2014 年，Unity 发布了 Unity4.6 版本，更新了屏幕自动旋转等功能。

2015 年，Unity 发布了 Unity5.0 版本。

2016 年，Unity 发布了 Unity5.4 版本，专注于新的视觉功能，为开发人员提供了最新的理想实验和原型功能模式，极大地提高了其在 VR 画面展现上的性能。

2017 年，Unity2017 发布成功。

2018 年，Unity 推出了 AR Foundation，它包含对 ARCore 的默认支持。ARCore1.3 加入了访问摄像机纹理和图像内在属性的功能。同年 8 月，ARCore 1.4 发布，包括透视摄像头自动聚焦功能，以及更快的平面检测，并添加了对更多设备的支持。

2019 年，Unity 2019.2 发布，此版本包括 ProBuilder、Shader Graph、2D 光源、2D 动画、Burst 编译器、UIElements 等 170 多项新功能和增强功能。

2020 年，Unity 2020.1 发布，增加了许多新功能，如：资源导入流 V2 Asset Import Pipeline 大大改善了资源导入的时间；Burst 1.3 编译出来的自带调试用代码，能通过 Visual Studio 或是 XCode 更容易追踪性能问题；从 2020.1 版本开始编辑 Prefab 物件会默认在场景内编辑等。

2.1.3　Unity 的相关学习资源

Unity 学习资源丰富多样，除过现有的种类繁多的 Unity 书籍外，还有各种电子资源和学习网站，以下列出部分学习网站供读者参考。

1. Unity 官网

Unity 是全球应用非常广泛的实时内容开发平台，为游戏、汽车、建筑工程、影视动画等领域的开发者提供强大且易上手的工具进行创作、运营和变现 3D、2D VR 和 AR 可视化体验。Unity 官方网站如图 2.7 所示。

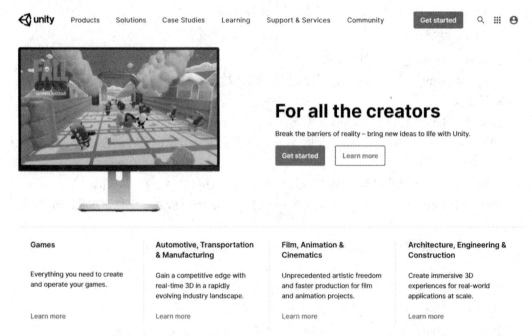

图 2.7　Unity 官方网站

2. C# Programming Guide

C# Programming Guide 介绍了关键的 C#语言特征以及如何通过 .Net 框架访问 C# 的详细信息。C# Programming Guide 如图 2.8 所示。

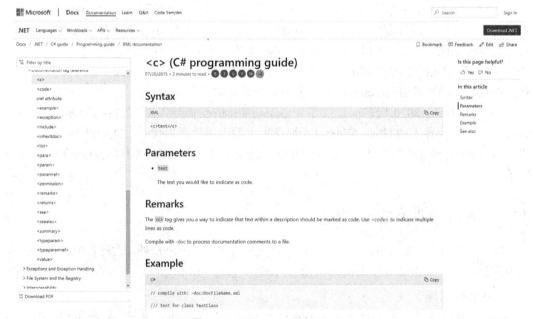

图 2.8　C# Programming Guide

3. Visual Studio 文档

Visual Studio 文档是 C# 集成环境 Visual Studio 的最新版本。官方 Visual Studio 文档如

图 2.9 所示。

图 2.9 Visual Studio 文档

4. 哔哩哔哩官网

哔哩哔哩(bilibili)现为国内领先的年轻人文化社区，该网站于 2009 年 6 月 26 日创建，被粉丝们亲切地称为"B 站"，其内容丰富多样，可以下载各种学习资源。哔哩哔哩官方网站如图 2.10 所示。

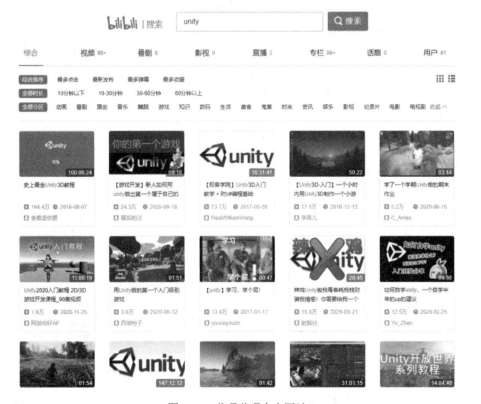

图 2.10 哔哩哔哩官方网站

5. 菜鸟教程

菜鸟教程提供了大量的计算机专业资料，适合新手学习相关基础知识。菜鸟教程官方网站如图 2.11 所示。

图 2.11　菜鸟教程官方网站

6. CSDN 专业开发者社区

CSDN 是全球知名的中文 IT 技术交流平台，创建于 1999 年，包含原创博客、精品问答、职业培训、技术论坛、资源下载等产品服务，是提供原创、优质、完整的专业 IT 技术开发社区，CSDN 专业开发者社区如图 2.12 所示。

图 2.12　CSDN 专业开发者社区

2.1.4 Unity 工具中常用的视图面板

Unity 3D 的主界面简洁明了，大部分的面板都可以随意改动放置，也可以关闭掉。Unity主界面如图 2.13 所示。

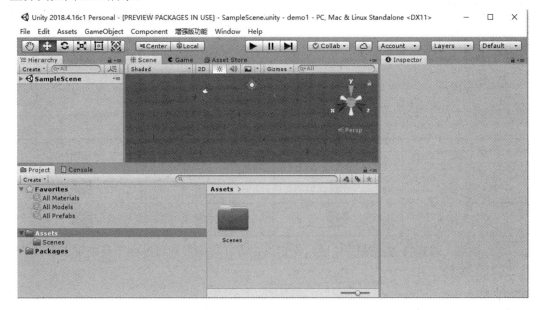

图 2.13 Unity 主界面

1. Scene：场景面板

场景面板是用来提供设计游戏界面的可视化面板，放在场景中的内容都称为游戏对象。场景面板如图 2.14 所示。

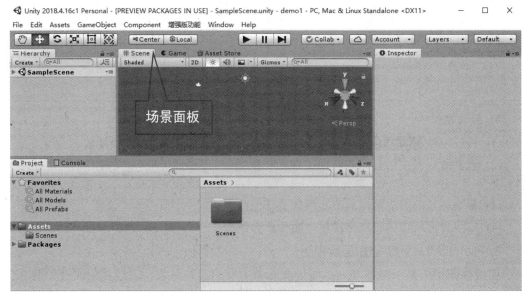

图 2.14 场景面板

1) 面板中的常用快捷键

(1) 按下鼠标滚轮拖动场景，滑动滚轮缩放场景。

(2) 鼠标右键旋转场景，点击🖐后，通过左右移动场景。

(3) 点击右键，同时按下 W/S/A/D/Q/E 键可实现场景漫游。

(4) 在 Scene 面板选中物体后按 F 键，或在 Hierarchy 面板双击物体，可将物体设置为场景视图的中心。

(5) 按住 Alt 键的同时通过鼠标左键围绕某物体旋转场景，使用鼠标右键缩放场景。

2) 变换工具

变换工具如表 2.1 所示。

表 2.1　变 换 工 具

功能名称	相应图标	功能名称	相应图标
移动场景 Q	🖐	移动物体 W	✥
旋转物体 E	🔄	缩放物体 R	▣

顶点吸附：选择物体后按住 V 键，先定位定点，再拖拽到目标物体某个定点上。
备注：先松 V 键。

3) 变换切换

变换切换功能如表 2.2 所示。

表 2.2　变 换 切 换

名　称		功　　能
切换中心点	Pivoy	选中的游戏对象的中心点
	Center	由所有选中游戏对象计算出的中心点
切换坐标系	Global	世界坐标(东北西南)
	Local	自身坐标(前后左右)

4) 播放控件

(1) 播放控件 ▶ ‖ ▶‖ 从左到右依次是预览游戏、暂停游戏、逐帧播放。

(2) 查看游戏最终运行后的画面。在运行模式下，任何更改都只是暂时的，退出运行后会复位。

(3) 整个场景的固定坐标，不随物体旋转而改变。

(4) 本地坐标是物体的自身坐标，随旋转而改变。

2. Hierarchy：层级视图(层次视图)

层级视图用于显示当前 Scene 场景页面中所有的游戏对象，层级视图面板如图 2.15 所示。

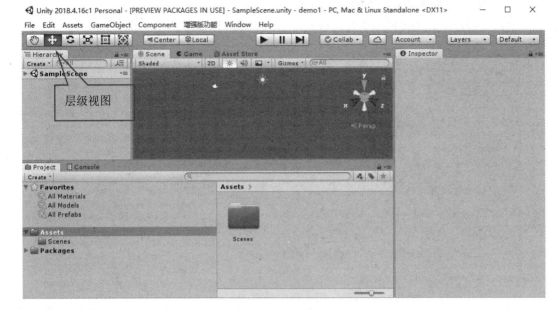

图 2.15　层级视图

这些游戏对象可以以子父类的关系呈现，也可以是多层次。内置对象如下：

(1) Cube　立方体(正方体)。

(2) Sphere　球体。

(3) Capsule　胶囊体。

(4) Cylinder　圆柱体。

(5) Plane　横平面(正面实体，背面透明)。

(6) Quad　竖平面(正面实体，背面透明)。

(7) TextMeshPro-Text。

(8) Ragdoll。

(9) Terrain　地形。

(10) Tree。

(11) Wind Zone。

(12) 3D Text。

3. Assets：资源视图(资源面板)

资源视图存放工程项目中的各种资源，资源视图面板如图 2.16 所示。

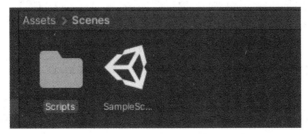

图 2.16　资源视图

4. Project：工程视图(工程面板)

工程视图用于显示项目中文件与资源信息，工程视图面板如图 2.17 所示。

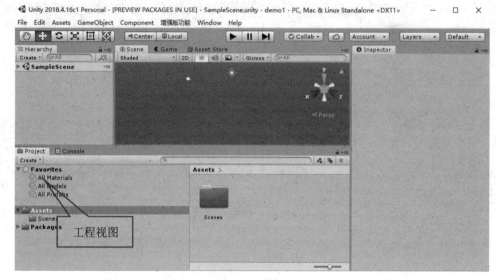

图 2.17　工程视图

5. Game：运行面板

运行面板如图 2.18 所示。单击"运行"场景按钮后，当前场景的运行效果会展示到 Game 视图。Game 视图模拟的是项目安装到的具体设备(如 android 手机)。

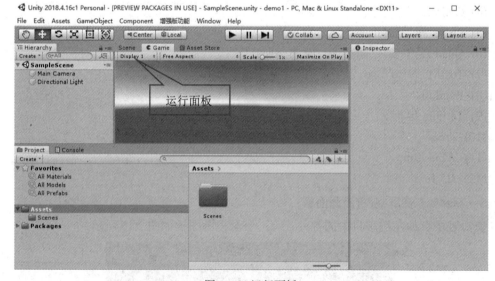

图 2.18　运行面板

6. Asset Store：资源商店

Unity 资源商店中提供了多种游戏媒体资源供下载和购买，例如人物模型、动画、粒子特效、纹理、游戏创作工具、音乐特效、功能脚本和其他类拓展插件等，资源商店如图 2.19 所示。

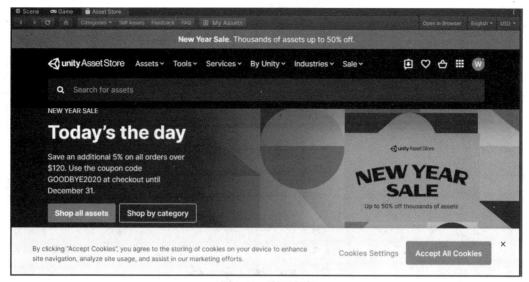

图 2.19　资源商店

需要登录账号后，下载各种资源(此资源有些收费，有些免费)，包括项目、3D 模型、动画、音频、粒子系统、脚本等。

7. Inspector：检视视图(属性视图)

检视视图面板如图 2.20 所示。当前在 Hierarchy 面板中显示的游戏对象身上包含的所有组件(内容)。组件可以理解为属性。

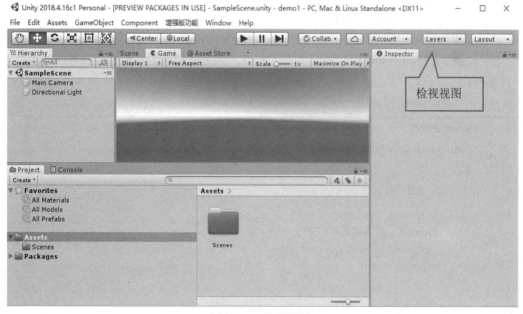

图 2.20　检视视图

8. Console：控制台视图(控制台面板)

控制台用于显示程序中的调试、运行、错误等信息。在显示内容时，如果打印的内容是相同的，则可以一行一行显示，也可以折叠显示。控制台视图面板如图 2.21 所示。

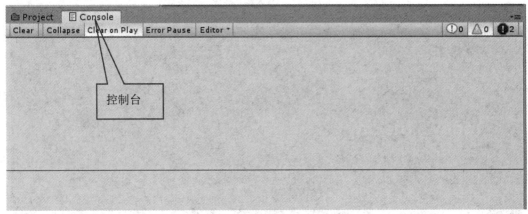

图 2.21　控制台视图

2.2　脚本文件

2.2.1　脚本

1. 脚本基础

脚本是附加在游戏物体上用于定义游戏对象行为的指令代码。在游戏开发过程中，脚本是必不可少的组成部分，对脚本基础的介绍如下：

(1) 脚本是后缀为 .cs 的文本文件。

(2) 脚本都要绑定到具体的游戏对象上，才能发挥价值。

(3) Unity 支持的三种高级编程语言有 C#、JavaScript 轻量级、Boo Script(Unity5 之后不再支持)。

(4) 脚本的语法结构如下：

```
using 命名空间;
public class 类名: MonoBehaviour
{
    void 方法名()
    {
        Debug.Log("调试显示信息");
        print("本质就是 Debug.Log 方法");
    }
}
```

其中，文件名与类名必须一致；写好的脚本必须附加到游戏物体上；附加到游戏物体的脚本类必须从 MonoBehaviour 类继承。

(5) 脚本的编译过程：源代码(CLS)→中间语言(Mono Runtime)→机器码。

(6) 单击 Project 视图中的 "Great" 按钮可以创建一个脚本文件。

2. 脚本的编辑工具

脚本的编辑工具有 Visual Studio 和 Mono Develop 等，目前使用最多的是轻量级脚本编辑器 Visual Studio。

(1) Visual Studio。微软公司的开发工具包，包括了整个软件生命周期中需要的大部分工具，如团队开发工具、集成开发环境等。Visual Studio 图标如图 2.22 所示。

在 Unity 中可以通过菜单设置修改默认的脚本编辑器，修改步骤为 Edit→Preferences→External Tools→External Script Editor。

(2) Mono Develop。Unity 工具自带的编辑脚本的工具，创建 Mono 应用程序，适用于 Linux、Mac OS 和 Windows 的集成开发环境，支持 C#、BOO 和 JavaScript 等高级编程语言。MonoDevelop 图标如图 2.23 所示。

图 2.22　Visual Studio 图标　　　　　　　图 2.23　Mono Develop 图标

Unity 编辑器在使用过程中会用到多种编辑工具，其使用方法如下：

1) 使用 Unity 默认脚本编辑器

为了便于操作，可以修改 Unity 的默认脚本编辑器，修改顺序为：Edit→Preferences→External Tools→External Script Editor。

将程序投入到实际运行中，通过开发工具进行测试、修正逻辑错误的相关控制台调试函数如下：

(1) Debug.Log(变量)。

(2) print(变量)。

2) 使用 VS

安装完 Visual Studio 2019 工具后，在 Unity 项目面板中导入 Visual Studio 2019 Tools。

使用 VS 的调试步骤为：在可能出错的行添加断点；启动调试；在 Unity 中运行(Play)场景。调试步骤示例代码如下：

```
private void Update()
{ //单帧调试：启动调试 运行场景 暂停游戏 加断点 单帧执行 结束调试
    int a = 1;
    int b = 2;
    int c = a + b;
    //调试过程中，输入代码：
    //右键--快速监视
    //查看"即时窗口"
    time = Time.time;

}
```

3) 使用 MonoDevelop

在可能出错的行添加断点；启动调试：依次选择 MD 菜单栏中的"Run"→"Attach to Process"选项；在 Unity 中运行(Play)场景。

4) 脚本绑定到游戏对象上

直接将脚本拖动到 Hierarchy 面板中的某个游戏对象上。

注：将脚本绑定到游戏对象上时，如果出现错误对话框"Can't Add Script"，应确保脚本文件的名字和 class 后面类名保持一致。

2.2.2　脚本的生命周期

C# 中，所有脚本的父类为 MonoBehaviour。MonoBehaviour 类定义了一个脚本文件从最初被加载，到最后被销毁的完整过程。这个过程通过对应的方法体现出来，在不同的方法中完成不同的功能。这些方法被称为脚本生命周期相关的方法。

1. 初始化模块

(1) Awake()：整个生命周期中只执行一次；脚本被加载到场景中时自动调用；常用于在游戏开始前进行初始化，可判断当满足某种条件执行此脚本。

(2) OnEnable()：判断对象或脚本是否可用；配合 OnDisable()方法一起使用；执行次数不确定。

(3) Start()：物体载入且脚本对象启用时被调用一次，常用于数据或游戏逻辑初始化，执行时间晚于 Awake。

2. 更新模块

(1) FixedUpdate()：以帧为单位(固定的时间间隔)来进行场景的刷新；主要完成与物理相关的更新操作。

(2) Update()：每一帧与每一帧的执行时间可能是不一致的；执行速率与硬件设备和被渲染物体有关系，有时快有时慢；主要完成场景中数据的更新和数据的逻辑处理操作。

(3) LateUpdate()：当一帧执行结束，在准备下一帧执行之前，会调用该方法。

(4) OnGUI()：UI 界面的调用。

3. 销毁模块

(1) OnDisable()：当对象或脚本处于不可用(或不可激活)执行，执行几次不确定。一般会与 OnEnable()配合使用。

(2) OnDestory()：整个生命周期中只执行一次；当对象(脚本文件)被销毁时只执行该方法；一般会先执行 OnDisable()，将对象变为不可用状态，再销毁。

(3) OnApplicationQuit()：当程序结束或应用程序退出时调用。

4. 物理阶段

(1) FixedUpdate 固定更新：脚本启用后，固定时间被调用，适用于对游戏对象做物理操作，例如移动等。在菜单栏依次选择"Edit→Project Setting→Time→Fixed Timestep

(默认为 0.02 s)"来设置更新频率。

(2) OnCollisionXXX 碰撞：当满足碰撞条件时调用。

(3) OnTriggerXXX 触发：当满足触发条件时调用。

5. 游戏逻辑

首先执行 Update 函数，它在每帧执行一次，该函数主要处理游戏对象在游戏世界中的行为逻辑，例如游戏角色的控制和游戏状态的控制。

然后执行 LateUpdate 函数，它也是每帧执行一次，在 Update 函数后执行。在实际开发过程中 Update 函数与 LateUpdate 函数通常共同使用。

最后在游戏逻辑程序循环结束后执行 OnGUI 函数。OnGUI 函数每帧可执行多次，用于绘制 Unity 的图形用户界面。

脚本生命周期的 3 个阶段，其示例代码如下：

```
//************************初始阶段**************************
private void Awake()
//执行时机：创建游戏对象-->脚本启用-->才执行(1 次)
private void Start()
//*********************物理阶段**************************
private void FixedUpdate()
private void OnMouseDown()
//*********************游戏逻辑**************************
private void Update()
```

注：正常情况下，脚本的执行顺序由拖动脚本的顺序来决定。

先拖动到对象上的脚本后执行，后拖动的先执行。但是，实际项目中脚本文件比较多，而且开发人员不可能一直记得拖动的顺序，这时就需要使用界面化的操作来管理脚本的执行顺序。可以左键单击任何一个脚本文件，点开 Inspector 右上角位置的 Order 按钮，选择"+"号图标，在当前项目下的所有脚本文件中，需要哪个脚本，对其进行点击即可。添加的每个脚本项后面都有一个数字，数字越小，表示该脚本越先执行。脚本的执行顺序是以界面中设置的顺序为执行依据的。

2.3　组　　件

2.3.1　组件的概念

电影角色都会有各种各样的信息，比如角色的身份标签、性格，或者职能。同样，游戏对象也拥有各种各样的信息，而这些信息都是以组件(Component)的方式存在的。游戏对象是由一个到多个组件组成的，可以将组件看作组成一台机器的零部件。Unity 游戏是通过组件的方式进行开发的，所以想要操作游戏对象也都是通过操作对应的组件对象来实现。组件面板如图 2.24 所示。

图 2.24　组件面板

在 Hierarchy 面板上或者 Scene 视图中任意选择一个游戏对象，就可以在 Inspector 面板上面看到对应的组件信息。一般，游戏对象都至少会拥有一个名为"Transform"的组件。它是游戏对象的基本组件，里面包含游戏对象在场景中的基本属性信息。

2.3.2　组件的访问

Unity 中的脚本可以认为是用户自定义组件，并且可以添加到游戏对象上来控制游戏对象的行为，而游戏对象则可视为容纳各种组件的容器。一个游戏对象由若干个组件构成。

组件的分类如表 2.3 所示。

表 2.3　组件的分类

组件名	分　类	组件名	分　类
Mesh	网格组件	Layout	布局组件
Effects	效果组件	Miscellaneous	其他组件
Physics	物理组件	UI	UI 元素组件
Physics 2D	2D 物理组件	Event	事件组件
Navigation	导航组件	Scripts	已创建的脚本组件
Audio	音频组件	New Script	新建一个脚本组件
Rendering	渲染组件		

常用组件及其变量如表 2.4 所示。

表 2.4　常用组件及其变量

组件名称	变量名	组 件 作 用
Transform	transform	设置对象的位置、旋转、缩放
Rigidbody	rigidbody	设置物理引擎的刚体属性
Renderer	renderer	渲染物体模型
Light	light	设置灯光属性
Camera	camera	设置相机属性
Collider	colider	设置碰撞体属性
Animation	animation	设置动画属性

如果要访问的组件不属于上表，或者访问的是游戏上的脚本(脚本属于自定义组件)，则可以通过以下方法得到引用，如表 2.5 所示。

表 2.5　组件引导方法

方 法 名	方 法 作 用
GetComponent	得到组件
GetComponents	得到组件(用于有多个同类型组件的时候)
GetComponentlnChildren	得到对象或对象子物体上的组件
GetComponentsĪnChildren	得到对象或对象子物体上的组件列表

部分组件的示例代码如下：

```
Using UnityEngine;
Using System.Collections;
//Component 类提供了查找(在当前物体、后代、先辈)组件的功能
Public class ComponentDemo : MonoBehaviour
{
    Private void OnGUI()
    {
        If(GUILayout.Button("transform"))
        {
            this.transform.position = new Vector3(0, 0, 10);
        }
        If(GUILayout.Button("GetComponent"))
        {
            this.GetComponent<MeshRenderer>().material.color = Color.red;
        }
        If(GUILayout.Button("GetComponent"))
        {
            //获取当前物体所有组件
```

```
                var allComponent = this.GetComponents<Component>();
                foreach (var item in allComponent)
                {
                    Debug.Log(item.GetType());
                }
            }
            If(GUILayout.Button("GetComponentsInChilder"))
            {   //获取先辈物体的指定类型组件(从自身开始)
                var allComponent = this.GetComponentsInChildern<MeshRenderer>();
                foreach (var item in allComponent)
            }
            item.material.color = Color.red;
        }
    }
```

2.3.3　Transform 组件

Transform 组件用于控制游戏对象在 Unity 场景中的位置、旋转和大小比例。添加到场景中的每个游戏对象(包括空游戏对象、系统提供的游戏对象、场景默认的 2 个游戏对象平行光和摄像机等)默认都包含了 Transform 组件。

Transform 组件的每个变换都可以有一个父项，它允许分级地应用位置、旋转和缩放。可以在 Hierarchy 层级视图窗格中看到游戏对象的层次结构。Transform 组件还支持枚举器，以便循环使用。

1. Transform 组件成员变量

Transform 组件的成员变量如表 2.6 所示。

表 2.6　Transform 组件的成员变量

组件名称	组 件 作 用
position	世界坐标中的位置
localPosition	父对象局部坐标系中的位置
enlerAngles	世界坐标系中以欧拉角表示的旋转
localEulerAngles	父对象局部坐标系中的欧拉角
right	对象在世界坐标系中的右方向
up	对象在世界坐标系中的上方向
forward	对象在世界坐标系中的前方向
rotation	世界坐标系中以元数表示的旋转
localRotation	父对象局部坐标系中以四元数表示的旋转
localScale	父对象局部坐标系中的缩放比例
parent	父对象的 Transform 组件

Transform 组件的成员函数如表 2.7 所示。

表 2.7　Transform 组件的成员函数

组件名称	组 件 作 用
Translate	按指定的方向和距离平移
Rotate	按指定的欧拉角旋转
RotateAround	按给定旋转轴和旋转角度进行旋转
LookAt	旋转使得自身的前方向指向目标的位置
TransformDirection	将一个方向从局部坐标系变换到世界坐标系
InverseTransformDirection	将一个方向从世界坐标系变换到局部坐标系
TransformPoint	将一个位置从局部坐标系变量换到世界坐标系
InverseTransformPoint	将一个位置从世界坐标系变换到局部坐标系
Find	按名称查找子对象
IsChildOf	判断是否是指定对象的子对象

2. Transform 类提供的常用方法

Transform 组件是 Unity 3D 的重点之一，Transform 类提供了许多常用方法，介绍如下：

(1) Translate()表示移动；Rotate()表示旋转；Vector3 是 3D 世界中的位置，可以用(x, y, z)或 Vector3.left | right | up | down | forward | back 来表示。

例如：向左移动 1 个单元可以表示为 transform.Translate(-1, 0, 0)或 transform.Translate(Vector3.left)。

(2) Translate(参数 1，参数 2)是 Transform 类下的一个公共方法。方法的第 1 个参数表示位移，一般用移动方向×速度×时间表示。方法的第 2 个参数表示相对于哪个坐标系进行移动。其中，Space.self 和 Space.world 分别指自身坐标系和世界坐标系。如果没有传第 2 个参数，默认是相对于自己的坐标系。

(3) Rotate(参数 1，参数 2)是对游戏对象进行旋转。

若以 Y 轴为中心点使立方体进行正方向旋转，则旋转的示例代码如下：

```
transform.Rotate(Time.deltaTime * speed, 0, 0);              //调用 Rotate()实现旋转
transform.Rotate(Vector3.down * Time.deltaTime * speed);
```

(4) Instantiate(原对象，新对象的位置，新对象的角度)方法是 Unity 中的 Object 类提供的方法，用于产生指定游戏对象的副本。当该方法执行结束后，会将对象的副本作为 Object 类型返回。该方法一般写在 Update()方法中。

例如：单击鼠标左键或按键盘任意按键，才会产生副本。

注：如果没有通过第二个参数和第三个参数指定新对象的位置和旋转角度，那么默认会在原对象一样的位置产生一个新对象(新对象会将原对象覆盖)。

3. Transform 类的用法

Transform 类相关用法的示例代码如下：

```csharp
using System;
using System.Collections;
//Transform 类提供了查找(父、根、子)变换组件、改变位置、角度、大小的功能
public class TransformDemo: MonoBehaviour
{
    public Transform tf;
    private void OnGUI()
    {
        //*********************查找变换组件*********************
        if (GUILayout.Button("foreach -- transform"))
        {
            foreach (Transform child in this.transform)
            {
                //child 为每个子物体的变换组件
                print(child.name);
            }
        }
        if (GUILayout.Button("root"))
        {
            //获取跟物体变换组件
            Transform rootTF = this.transform.root;
        }
        if (GUILayout.Button("parent"))
        {
            //获取父物体变换组件
            Transform parentTF = this.transform.parent;
        }
        if (GUILayout.Button("SetParent"))
        {
            //设置父物体
            //当前物体的位置视为世界坐标
            //this.transform.SetParent(tf，true);
            //当前物体的位置视为 localPosition
            this.transform.SetParent(tf, false);
        }
        if (GUILayout.Button("Find"))
        {
            //根据名称获取子物体
```

```
            Transform childTF = this.transform.Find("子物体名称");
            //Transform childTF = this.transform.Find("子物体名称/子物体名称");
        }
        if (GUILayout.Button("GetChild"))
        {
            int count = this.transform.childCount;
            //根据索引获取子物体
            for (int i = 0; i < count; i++)
            {
                Transform childTF = this.transform.GetChild(i);
            }
        }
        //****************改变位置、角度、大小****************
        if (GUILayout.Button("pos / scale"))
        {
          //物体相对于世界坐标系原点的位置
          //this.transform.position
          //物体相对于父物体轴心点的位置
          //this.transform.localPosition
          //相对于父物体缩放比例
          //this.transform.localScale
          //理解为: 物体与模型缩放比例(自身缩放比例*父物体缩放比例)
          //this.transform.lossyScale
          //如: 父物体 localScale 为 3，当前物体 localScale 为 2，lossyScale 则为 6
        }
        if(GUILayout.Button("Translate"))
        {
            //向自生坐标系 z 轴移动 1 米
            //this.transform.Translate(0, 0, 1);
            //向世界坐标系 z 轴移动 1 米
            this.transform.Translate(0, 0, 1, Space.World);
        }
        if(GUILayout.Button("Rotate"))
        {
            //向自生坐标系 y 轴旋转 10 度
            //this.transform.Rotate(0, 10, 0);
            //向世界坐标系 y 轴旋转 10 度
            this.transform.Translate(0, 10, 0, Space.World);
        }
```

```
              if(GUILayout.RepeatButton("RotateAround"))
              {
                    this.transform.RotateAround(Vector3.zero, Vector3.forward, 1)
              }
        }
    }
```

2.3.4　Time 类

在 Unity 中可以通过 Time 类获取和时间有关的信息,用来计算帧速率、调整时间流逝速度等功能。

在 Unity 引擎中,时间就是执行程序的速度。引擎本质上只是运行程序,只能一行一行按照顺序运行代码,而不会反过来运行,否则会出错。为了节约系统内存资源,程序也不可能储存每个时间点上的所有数据,即使是制作回放,也只是回放一部分数据。

Time 成员变量如表 2.8 所示。

表 2.8　Time 成员变量

成员变量	说　　明
time	从游戏开始到现在所用时间
delta	以秒为单位,表示每帧的经过时间
unscaledDeltaTime	不受缩放影响的每帧经过时间
timeSinceLevelLoad	以秒计算到最后关卡加载完的时间
deltaTime	以秒计算完成最后一帧的时间
fixedTime	以秒计算自游戏开始的时间
fixedDeltaTime	以秒计算间隔,在物理和其他固定帧速率进行更新
maximumDeltaTime	一帧能获得的最大时间,物理和其他固定帧速率更新
smoothDeltaTime	一个平滑淡出 Time.deltaTime
frameCount	已经传递的帧的总数
realtimeSinceStartup	以秒计算自游戏开始的实时时间
captureFramerate	时间会在每帧前进,不考虑真实时间
unscaledDeltaTime	以秒计算完成最后一帧的时间(不计算 Timescale)
unscaledTime	从游戏开始到现在所用的时间
timeScale	时间缩短

Time 类包含一个重要的类变量 deltaTime,它表示距离上一次调用所用的时间。Time.deltaTime 表示距离上一帧的执行所耗费的时间,该时间为 0~1 之间的小数(单位为秒)。场景中的游戏对象在移动或旋转时,默认速度较快,所以一般做法是参数乘以自定义的一个小数以此来降低速度。但出现 deltaTime 后,小数可使用 deltaTime 替代,也就是直接乘以 Time.delta 也一样可以实现降低速度。

　　普通更新操作放在 Update()中，但 Update()方法每一帧与每一帧的执行时间不相同，解决这个问题的前提是不能将更新操作的代码写在 FixedUpdate()中，可以直接乘以 Time.deltaTime 来实现该功能。示例代码如下：

```
public class TimeDemo: MonoBehaviour
{
    public float speed = 100;
    //渲染场景时执行，不受 TimeScale 影响
    public float a, b, c;
    public void Update()
    {
        a = Time.time;                    //受缩放影响的游戏运行时间
        b = Time.unscaledTime;            //不受缩放影响的游戏运行时间
        c = Time.realtimeSinceStartup;    //实际游戏运行时间
        //每渲染帧执行 1 次，旋转 1 度
        //帧多  1 秒旋转速度快  希望 1 帧旋转量小  (Time.deltaTime)
        this.transform.Rotate(0, speed* Time.deltaTime, 0);
        //旋转速度*每帧消耗时间，可以保证旋转速度/移动速度不受渲染影响
        //游戏暂停，个别物体不受影响 Time.unscaledDeltaTime 不受缩放影响的每帧间隔
        this.transform.Rotate(0, speed * Time.unscaledDeltaTime, 0);
    }
    //固定 0.02 秒执行一次，与渲染无关，受 TimeScale 影响
    public void FixedUpdate()
    {
        // this.transform.Rotate(0, speed, 0);
    }
    //游戏暂停，个别物体不受影响
    private void OnGUI()
    {
        if (GUILayout.Button("暂停游戏"))
        {
            Time.timeScale = 0;
        }
        if (GUILayout.Button("继续游戏"))
        {
            Time.timeScale = 1;
        }
    }
}
```

2.3.5　Random 类

Unity 引擎提供的 Random 类可以用来生成随机数、随机点或旋转角度以下对 Random 类进行说明。

Random 类提供的常用成员变量如表 2.9 所示。

表 2.9　Random 类提供的常用成员变量

成员变量	说　　明
seed	随机数生成器种子
value	返回一个 0～1 之间的随机浮点数，包含 0 和 1
insideUnitSphere	返回位于半径为 1 的球体内的一个随机点(只读)
insideUnitCircle	返回位于半径为 1 的圆内的一个随机点(只读)
onUnitSphere	返回位于半径为 1 的球面上的一个随机点(只读)
rotation	返回一个随机旋转(只读)
rotationUniform	返回一个均匀分布的随机旋转(只读)

Random 类提供的常用成员函数如表 2.10 所示。

表 2.10　Random 类提供的常用成员函数

成员函数	说　　明
Range	返回 min 和 max 之间的一个随机数

Range 注意事项：

(1) 如果类型为 int，如 Random.Range(0, 5)，那么取值范围为[0, 5)，可以取到 0，但是无法取到 5。

(2) 如果类型为 float，如 Random.Range(0.0f, 5.0f)，那么取值范围为[0, 5]，可以取到 0，也可以取到 5。

Random 类示例代码如下：

```
void Update()
{
    //返回半径为 1 * 5 的圆内的一个点
    Debug.Log("Random.insideUnitCircle " + Random.insideUnitCircle * 5);
    //返回半径为 1 * 5 的 3D 球体内的一个点
    Debug.Log("Random.insideUnitSphere " + Random.insideUnitSphere * 5);
    //返回半径为 1 * 5 的 3D 球体表面的一个点
    Debug.Log("Random.onUnitSphere " + Random.onUnitSphere * 5);
    //返回一个随机的 rotation
    Debug.Log("Random.rotation " + Random.rotation);
```

```
//返回一个随机的均匀分布的 rotation
Debug.Log("Random.rotationUniform " + Random.rotationUniform);
//随机生成 0～10 之间的 float 类型的数，包括 0，包括 10
Debug.Log("Random.Range " + Random.Range(0f,10f));
//随机生成 0～10 之间的 int 类型的数，包括 0，不包括 10
Debug.Log("Random.Range " + Random.Range(0, 10));
}
```

2.3.6 Mathf 类

1. Mathf 类

在 Unity 中封装了数学类 Mathf，Mathf 类提供了常用的数学运算，使用它可以轻松地解决复杂的数学公式。

Mathf 类的变量如下：

(1) PI：圆周率(π)的值，即 3.14159265358979…(只读)。

(2) Infinity：正无穷大∞(只读)。

(3) NegativeInfinity：负无穷大 -∞(只读)。

(4) Deg2Rad：度到弧度的转换系数(只读)。

(5) Rad2Deg：弧度到度的转换系数(只读)。

(6) Epsilon：一个很小的浮点数值(只读)。

Mathf 类常用方法如表 2.11 所示。

表 2.11 Mathf 类常用方法

方法名	说　　明
Sin	计算角度(单位为弧度)的正弦值
Cos	计算角度(单位为弧度)的余弦值
Tan	计算角度(单位为弧度)的正切值
Asin	计算反正弦值(返回的角度值单位为弧度)
Acos	计算反余弦值(返回的角度值单位为弧度)
Atan	计算反正切值(返回的角度值单位为弧度)
Sqrt	计算平方根
Abs	计算绝对值
Min	返回若干数值中的最小值
Max	返回若干数值中的最大值
Pow	Pow(f, p)返回 f 的 p 次方
Exp	Exp(p)返回 e 的 p 次方
Log	计算对数

方法名	说　　明
Log 10	计算基为 10 的对数
Ceil	Ceil(f)返回大于或等于 f 的最小整数
Floor	Floor(f)返回小于或等于 f 的最大整数
Round	Round(f)返回浮点数 f 进行四舍五入后得到的整数
Clamp	将数值限制在 min～max 之间
Clamp01	将数值限制在 0～1 之间

2. Mathf 常用类示例

(1) Mathf.Abs 绝对值。

计算并返回指定参数 f 绝对值。

(2) Mathf.Acos 反余弦。

static function Acos(f: float): float 是以弧度为单位计算并返回参数 f 中指定数字的反余弦值。

(3) Mathf.Asin 反正弦。

static function Asin (f: float): float 是以弧度为单位计算并返回参数 f 中指定数字的反正弦值。

(4) Mathf.Atan 反正切。

static function Atan (f: float): float 是计算并返回参数 f 中指定数字的反正切值。返回值介于 $-\pi/2 \sim \pi/2$ 之间。

(5) Mathf.Ceil 上限制。

static function Ceil (f: float): float 是返回 f 指定数字或表达式的上限值。数字的上限值是大于等于该数字的最接近的整数。

(6) Mathf.Clamp 限制。

static function Clamp (value: float, min: float, max: float): float 限制 value 的值在 min～max 之间。如果 value 值小于 min，返回 min，如果 value 大于 max，返回 max，否则返回 value。

static function Clamp (value: int, min: int, max: int): int 限制 value 的值在 min～max 之间，并返回 value。

(7) Mathf.Sin 正弦。

static function Sin (f: float): float 计算并返回以弧度为单位的指定角 f 的正弦值。

(8) Mathf.Cos 余弦。

static function Cos(f: float): float 返回由参数 f 指定的角的余弦值(介于 $-1.0 \sim 1.0$ 之间的值)。

(9) Mathf.Exp 指数。

static function Exp (power: float): float 返回 e 的 power 次方的值。

(10) Mathf.Log10 基数 10 的对数。

static function Log10 (f: float): float 返回 f 的对数，基数为 10。

(11) Mathf.Max 最大值。

static function Max (a: float, b: float): float 和 static function Max (params values: float[]):

float 返回两个或更多值中最大的值。

(12) Mathf.Min 最小值。

static function Min (a: float, b: float)：float 和 static function Min (params values: float[])：float 返回两个或更多值中最小的值。

(13) Mathf.Pow 次方。

static function Pow (f: float, p: float)：float 计算并返回 f 的 p 次方。

(14) Mathf.Round 四舍五入。

static function RoundToInt (f: float)：int 返回 f 指定的值四舍五入到最近的整数。如果数字末尾是.5，因此它是在两个整数中间，不管是偶数或是奇数，将返回偶数。

2.3.7　Input 类

Input 类包装了输入功能的类，可以读取输入管理器中设置的按键，也可以访问移动设备的多点触控或加速感应数据。建议在 Update 中检测用户的输入。

1. Input 类

Input 类的成员变量和成员函数，如表 2.12、表 2.13 所示。

表 2.12　Input 类的成员变量

成员变量	说　　明
compensateSensors	是否需要根据屏幕方向补偿感应器
gyro	返回默认的陀螺仪
mousePosition	鼠标位置的像素坐标(只读)
anyKey	是否有按键按下(只读)
anyKeyDown	当有任意按键按下的第一帧返回 true(只读)
inputString	得到当前帧的键盘输入字符串(只读)
acceleration	得到设备当前在三维空间中的线性加速度(只读)
accelerationEvents	得到上一帧的加速度数据列表(只读)(分配临时变量)
accelerationEventCount	得到上一帧的加速度参数数据长度
touches	当前所有触摸状态列表(只读)(分配临时变量)
touchCount	当前所有触摸状态列表长度(只读)
multiTouchEnabled	系统是否支持多点触摸
location	设备当前的位置属性(仅支持手持设备)(只读)
compass	罗盘属性(仅支持手持设备)(只读)
deviceOrientation	操作系统提供的设备方向(只读)
imeCompositionMode	设置 IME 组合模式
compositionString	用户通过 IME 输入的组合字符串
compositionCursorPos	当前 IME 组合字符串的光标位置
imeIsSelected	当前是否启用了 IME 输入键盘

表 2.13　Input 类的成员函数

成员函数	说　　明
GetAxis	根据名称得到虚拟输入轴的值
GetAxisRaw	根据名称得到虚拟坐标轴的未使用平滑过滤的值
GetButton	如果指定名称的虚拟按键被按下，那么返回 true
GetButtonDown	指定名称的虚拟按键被按下的那一帧返回 true
GetButtonUp	指定名称的虚拟按键被松开的那一帧返回 true
GetKey	当指定的按键被按下时返回 true
GetKeyDown	当指定的按键被按下的那帧返回 true
GetKeyUp	当指定的按键被松开的那帧返回 true
GetJoystickNames	返回当前连接的所有摇杆的名称数组
GetMouseButton	指定的鼠标按键是否按下
GetMouseButtonDown	指定的鼠标按键按下的那一帧返回 true
GetMouseButtonUp	指定的鼠标按键松开的那一帧返回 true
ResetInputAxes	重置所有输入，调用该方法后以后所有方向轴和按键的数值都变为 0
GetAccelerationEvent	返回指定的上一帧加速测量数据(不分配临时变量)
GetTouch	返回指定的触摸数据对象(不分配临时数据变量)

2. 鼠标输入

Input 类提供的用于处理鼠标输入的相关坐标显示和方法。

mousePostion 用于获取鼠标在当前屏幕上的具体坐标，该坐标是一个二维坐标(Z 轴始终 0)，它与当前屏幕的像素有关。如果鼠标在当前屏幕的左下角，则坐标为(0, 0)，如果鼠标在屏幕的右上角，则坐标为(Screen.Width, Screen.Height)。

注：当前屏幕指的是当前 Game 窗口。

鼠标输入的常用方法：

(1) GetMouseButtonDown(按键码)：当指定的鼠标按键码被按下时返回 true，否则返回 false。

(2) GetMouseButtonUp(按键码)：当指定的鼠标按键被抬起时返回 true，否则返回 false。一般在执行该方法前，先执行按下操作，然后再抬起。

(3) GetMouseButton(按键码)：当指定的鼠标按键一直按着时返回 true，否则返回 false。

(4) GetAxis("Mouse X")：获取鼠标在水平方向上移动的距离，并返回 float 类型的数字。当鼠标在水平方向上正半轴移动时得到一个正数，当鼠标在水平方向上负半轴移动时得到一个负数。

(5) GetAxis("Mouse Y")：获取鼠标在垂直方向上移动的距离，并返回 float 类型的数字。当鼠标在垂直方向上的上半轴移动时得到一个正数，当鼠标在垂直方向上的下半轴移动时得到一个负数。

例如：判断当前有没有按下鼠标中间键。如果按下，则返回[0, 10)之间的随机数，否则返回[-10, 0)。

示例代码如下：

```
if (Input.GetMouseButtonDown(2))
{
    print(Random.Range(0, 10));          // [0, 10)
}
else
{
    print(Random.Range(-10, 0));         // [-10, 0)
}
```

注：鼠标左键为 0；鼠标右键为 1；鼠标中间为 2。

3. 键盘输入

(1) GetKeyDown(键盘按键)：指定某键盘按键被按下时，返回 true，否则，返回 false。

(2) GetKeyUp(键盘按键)：指定某键盘按键被抬起时，返回 true，否则，返回 false。

(3) GetKey(键盘按键)：指定某键盘按键被一直按着时，返回 true，否则，返回 false。

(4) GetAxis("Horizontal")：用于判断按了键盘上水平方向的哪个键(4 个箭头方向键)。

(5) GetAxis("Vertical")：用于判断按了键盘上垂直方向的哪个键。如果方法返回 $-1\sim1$ 之间的正数，则表示按了向上方向；如果方法返回 $-1\sim1$ 之间的负数，则表示按了向下方向。

2.4 3D 数 学

2.4.1 向量

1. 向量的概念及基本定义

1) 向量的数学定义

(1) 向量就是一个数字列表，对于程序员来说一个向量就是一个数组。

(2) 向量的维度就是向量包含的"数"的数目，向量可以有任意正数维，标量可以被认为是一维向量。

(3) 书写向量是用方括号将一列数括起来，如[1, 2, 3]。水平书写的向量叫行向量，垂直书写的向量叫列向量。

2) 向量的几何意义

(1) 几何意义上说，向量是有大小和方向的有向线段。向量的大小就是向量的长度(模)，向量有非负的长度。

(2) 向量的方向描述了空间中向量的指向。

(3) 向量的形式：向量定义的两大要素——大小和方向，有时候需要引用向量的头和向量的尾，箭头是向量的末端，箭尾是向量的开始，向量图示如图 2.25 所示。

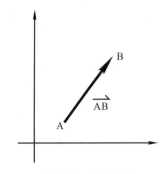

图 2.25　向量图示

(4) 向量中的数表达了向量在每个维度上的有向位移。

3) 向量与点

"点"有位置,但没有实际的大小或厚度,"向量"有大小和方向,但没有位置。所以使用"点"和"向量"的目的完全不同。"点"描述位置,"向量"描述位移。

点和向量的关系:任意一点都能用从原点开始的向量来表达。

4) 向量的分类

向量根据维度可以分为二维、三维、四维等。

Unity 中涉及的向量为三维向量。

2. 二维向量的基本运算

Unity 中向量的基本运算分为加减、数乘、点乘、叉乘,具体如下:

1) 加减

向量的加减为各分量分别相加减,在物理上可以用来计算两个力的合力,或者几个速度分量的叠加。例如:V1 为(1, 2),V2 为(10, 20),两个向量和 V1+V2 为(1+10, 2+20),其结果(11, 22),两个向量差为 V1−V2(1−10, 2−20),其结果(−9, −18)。

2) 数乘

向量与一个标量相乘为数乘,数乘可以对向量的长度进行缩放,如果标量小于 0,向量的方向会变为反方向。

3) 点乘

两个向量点乘得到一个标量,数值等于两个向量长度相乘后再乘以二者夹角的余弦。

通过两个向量的点乘结果符号,可以快速判断两个向量的夹角。

若 U·V = 0,则 U 和 V 互相垂直。

若 U·V > 0,则 U 和 V 的夹角小于 90 度。

若 U·V < 0,则 U 和 V 的夹角大于 90 度。

点乘的几何意义是一条边向另一条边的投影乘以另一条边的长度。

4) 叉乘

两个向量的叉乘得到一个新的向量,新向量垂直于原来两个向量,并且长度等于原来两个向量长度相乘后,再乘夹角的正弦值。

2.4.2　三维向量

1. 如何表示一个三维向量

三维向量的 3 个参数 x、y、z 都放在一个小括号中，即小括号中有 3 个数据(x, y, z)，x 放在最前面，y 中间，z 放在最后。其中，x 表示在水平方向上的分量，y 表示在垂直方向上的分量，z 表示深度。例如 V1: (1, 2, 3)—Vector3 和 V2: (10, 20, 30)—Vector3 都表示三维向量。

2. 如何构建一个三维向量

(1) 通过两个参数的构造方法。Vector3(x, y)，表示 z 分量默认是 0。

如 Vector3 v = new Vector3(1, 2)等价于 Vector3 v = new Vector3(1, 2, 0)。

(2) 通过 3 个参数的构造方法。如 Vector3 v = new Vector3(1, 2, 0)。

(3) 通过无参数的构造方法访问 x、y、z 并为其赋值。格式如下：

```
Vector3    v = new Vector3();
v.x = 1;
v.y = 2;
v.z = 3;
```

3.　Vector3 常用的方法

(1) x 表示一个三维向量中的 x 分量。

(2) y 表示一个三维向量中的 y 分量。

(3) z 表示一个三维向量中的 z 分量。

(4) 获取向量的长度为 magnitude。

(5) 向量的标准化为 normalized。

(6) 向量的运算(加法，减法)有 +、−、*、/、==、!=。

(7) 求两个向量的距离用 Distance( )。

(8) 求两个向量的叉乘用 Cross( )。该方法的结果是一个 Vector3。其计算过程是两个向量长度相乘，再乘以两个向量夹角的正弦值。

如 V1(10, 20, 3)和 V2(20, 2, 10)叉乘的具体步骤如下：

第 1 步，求 V1 和 V2 向量的长度 v1Length 和 v2Length。

第 2 步，两个向量长度相乘，结果存到 mulLength 中。

第 3 步，求两个向量的夹角值，结果存到 angleValue 中。

第 4 步，求夹角的正弦值，结果存到 sinValue 中。

第 5 步，将第 2 步的结果和第 4 步的结果相乘。

(9) 求两个向量的点乘用 Dot( )。该方法结果是一个浮点数。其计算过程是两个向量长度相乘，再乘以两个向量夹角的余弦值。

(10) 求两个向量间的夹角用 Angle( )。

(11) 获取一个指定范围的线性值用 Lerp( )。

第3章　Unity 几门

3.1　创建基础的游戏场景

3.1.1　Camera 相机

1. 相机简介

相机是玩家用于捕捉和显示世界的一种装置，在一个场景中可以有数量不限的相机。它们能够以任何顺序在屏幕上的任何地方来渲染，或仅仅渲染屏幕的一部分。通过在 Hierrchy 面板中单击鼠标右键，选择 Camera 即可建立。相机在场景中的应用如图 3.1 所示。

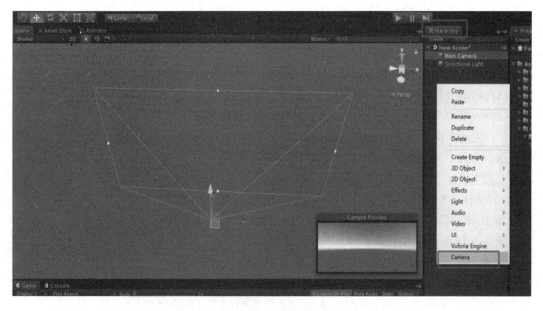

图 3.1　相机在场景中的应用

2. 相机主要属性

通过相机的 Inspector 面板可以看到相机的属性，如图 3.2 和图 3.3 所示。相机属性详细介绍如表 3.1 所示。

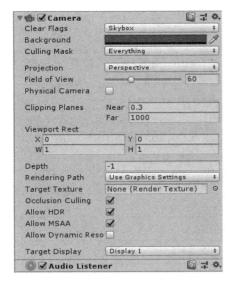
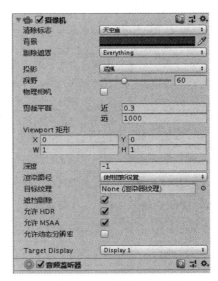

图 3.2　Camera 属性　　　　　　　　　　　图 3.3　Camera 属性中文对照

表 3.1　Camera 属性介绍

属　性	说　明
Clear Flags	决定屏幕的哪部分将被清除，当使用多个相机来描绘不同的游戏景象时，利用它是非常方便的
Background	在镜头中的所有元素描绘完成且没有天空盒的情况下，将选中的颜色应用到剩余的屏幕
Culling Mask	包含或忽略相机渲染对象层，在检视视图中为对象指派层
Projection	切换摄像机的模拟透视功能
• Perspective	摄像机将以完整透视角度渲染对象
• Orthographic	摄像机将均匀渲染对象，没有透视感。注意：在正交模式下不支持延迟渲染。始终使用前向渲染
Field of View	相机的视角宽度，以及纵向的角度尺寸
Clipping Planes	相机从开始渲染到停止渲染之间的距离
• Near	开始描绘的相对于相机最近的点
• Far	开始描绘的相对于相机最远的点
Viewport Rect	用 4 个数值表示这个相机的视图将绘制在屏幕的某一个位置，使用屏幕坐标系(值 0~1)
Depth	绘制顺序中的相机位置，具有较大值的相机将会被绘制在具有较小值的相机的上面
Rendering Path	该选项定义相机将要使用的渲染方法
• Use Player Settings	此摄像机将使用 Player Settings 中设置的任何渲染路径 (Rendering Path)
• Vertex Lit	此摄像机渲染的所有对象都将渲染为顶点光照对象
• Forward	每种材质采用一个通道渲染所有对象

续表

属　性	说　明
· Deferred Lighting	将在没有光照的情况下一次性绘制所有对象，然后在渲染队列末尾一起渲染所有对象的光照。注意：如果摄像机的投影模式设置为 Orthographic，则会覆盖该值，并且摄像机将始终使用前向渲染
Target Texture	创建一个渲染纹理应用给相机，将相机视图渲染到 RenderTexture，可以保存为 PNG 或使用它作为一个雷达，或简单显示场景缩略图在 GUI 中
Occlusion Culling	遮挡剔除，为此摄像机启用高动态范围渲染
Allow HDR	为此摄像机启用高动态范围渲染。
Allow MSAA	允许多重采样抗锯齿
Allow Dynamic Reso	为此摄像机启用动态分辨率渲染
Target Display	定义要渲染到的外部设备，值为 1～8

3.1.2　Terrain 地形

1. 地形创建

在 Hierrchy 面板中单击鼠标右键，在弹出的列表中选择 3D Object 下的 Terrain 选项，即可创建一个地形，如图 3.4 所示。

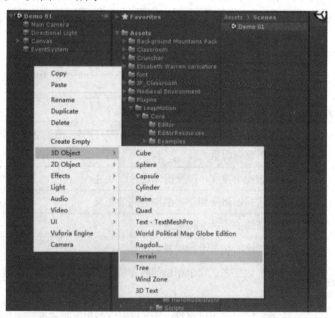

图 3.4　添加 Terrain

2. 地形绘制

(1) 在场景里添加一个 Terrain。

(2) 添加 Terrain 后会自动在 Inspector 中生成 Terrain 的属性面板，面板里的 4 个按钮分别具有不同的作用，第一个按钮是毛笔形状，该按钮可以修改地形的高度、顺滑度、基本的地形贴图等。点击第一个按钮会出现 Create Neighbor Terrains 选项卡，在该选项卡的下拉菜单中选择 Set Height 来设置地形高度，如图 3.5～图 3.7 所示。

图 3.5 Create Neighbor Terrains 选项卡

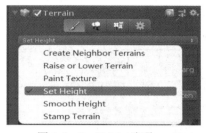

图 3.6 Set Height 选项

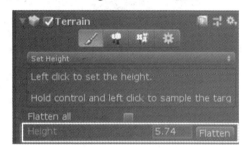

图 3.7 设置地形高度

图 3.8 添加贴图

设置完高度后就可以绘制地形了，点击鼠标左键进行移动，可以把鼠标经过的地方按照设置好的高度进行地形绘制。如果同时按住 Ctrl 键和鼠标左键，便不会对地形进行高度绘制。设置完地形高度之后选择 Paint Texture，为地形添加一个贴图，如图 3.8 所示，并对贴图进行设置，如图 3.9 所示。点击 Edit Terrain Layers 选择合适的贴图，如图 3.9 中 2 所示，并在下方出现的详细设置中，用户可以根据情况自行进行设置。

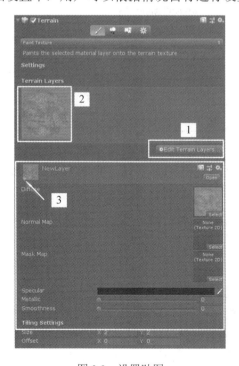

图 3.9 设置贴图

(3) 拉高地形和降低地形(制作高山和低谷)。选中 Raise or Lower Terrain 后选择下面的笔刷并设置笔刷大小，然后在地形上就可以绘制了，如图 3.10、图 3.11 所示。鼠标左键用于拉高地形，鼠标左键 + Shift 用于降低地形。

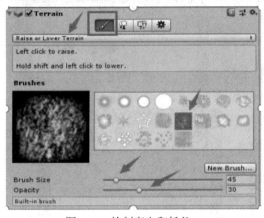

图 3.10　绘制高山和低谷

图 3.11　绘制效果图

3. 种树工具

选中第二个种树按钮，并点击 Edit Trees…→Add 来添加不同的树，如图 3.12 所示。

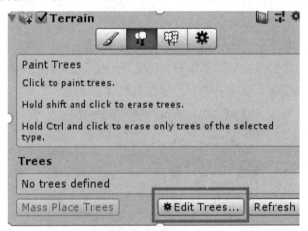

图 3.12　添加树

选择好树的模型后，可以点击 Mass Place Trees 按钮来大面积均匀地在全部地形中种树，如图 3.13 所示。

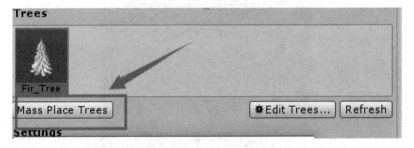

图 3.13　大面积均匀种树

如果想要自定义树的数量属性，可以自行设置数值大小，如图 3.14 所示。

图 3.14　设置种树数量

也可以设置笔刷的大小、种树的密集程度、树的高度等，按住 Shift 操作可以获得其相反的属性，如图 3.15 所示。

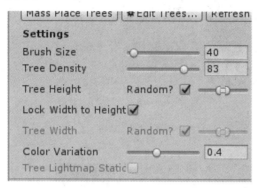

图 3.15　设置笔刷大小等

4. 添加草坪

添加草坪的操作和种树是同理的，点击 3 个按钮，选择合适的笔刷并设置笔刷大小，即可进行草坪的绘制，如图 3.16、图 3.17 所示。

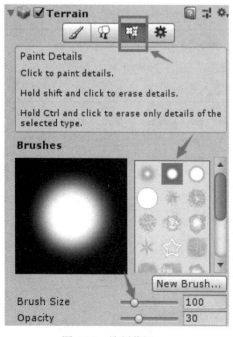

图 3.16　绘制草坪

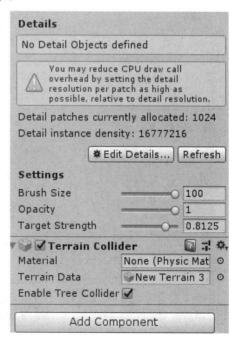

图 3.17　绘制草坪设置

3.1.3　Skybox 天空盒

在 Unity 新建的项目场景中，都会默认提供一个基本的天空盒效果，但是这个天空盒的效果较为普通，可以将其改为自己想要的其他天空盒效果。从菜单栏中依次选择 Windows→Asset Store 命令，在搜索栏中输入 Skybox 并按回车键，选择 FREE ONLY 就可以看到大量的免费天空盒，如图 3.18 所示。

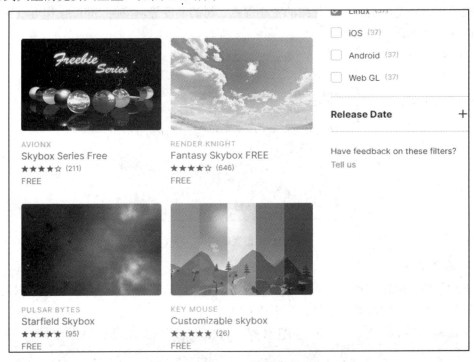

图 3.18　Asset Store 中搜索 Skybox

选择自己喜欢的天空盒，点击 Download 按钮，如图 3.19 所示。下载完成后，点击对话框中的 Import 按钮，即可将新下载的天空盒导入到场景中。

图 3.19　下载天空盒

在菜单栏中依次选择 Window→Lighting→Settings 命令，在弹出的 Lighting 对话框中点击 Environment 下的 Skybox Material 选项右侧的小圆圈，选择刚才导入的天空盒，如图 3.20 所示。

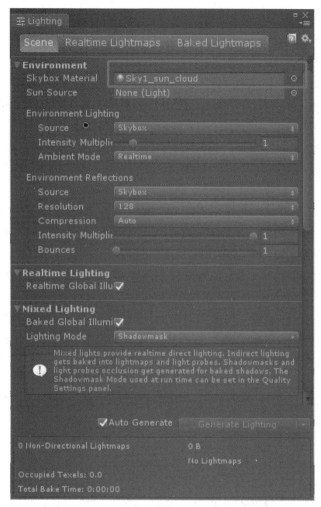

图 3.20　更换天空盒

3.2　Unity 资　源

3.2.1　模 型 导 入

1. 模型导入简介

1) 3D 模型的导入方式

依次选择菜单栏中的 Aseets→Import Package→Custom Package 或者直接拖动文件到 Assets 文件夹中，即可导入 3D 模型。Unity 支持使用大多数常规 3D 建模软件所创建的模型，包括 Maya、Cinema4D、3ds Max、Cheetah3D、Modo、Lightwave、Blender 等。

　　Unity 支持两种不同类型的网络模型文件,一种是从 3D 建模软件中导出的 .fbx 或 .obj 文件,这种类型的文件可以在很多第三方软件中导入和编辑。而另一种则是部分 3D 建模软件的原生格式,如 3ds Max 中的.max 文件,或是 Blender 中的.blend 文件,这类文件在导入 Unity 时会经过一定的转换,因此不能在其他的软件中直接编辑,当然,有一种例外是 SketchUp 的 .skp 文件,可以在 SketchUp 和 Unity 中随意打开和编辑。

　　2) 2D 图片的导入方式

　　Unity 支持的 2D 图片格式有 TIFF、PSD、TGA、JPG、PNG、GIF、BMP、IFF、PICT 等,其中 PNG 格式是用得最多的格式。为了优化效率,建议图片尺寸是 2 的 n 次幂,如 32、64、1024 等。

　　依次选择菜单栏中的 Assets→Create→Import NewAssets(一次只能导一张图片) 或者直接将资源拖动到 Project 视图中的 Assets 文件夹中(可以同时导入多张图片),即可导入 2D 图片。

　　这里需要特别注意的是,如果希望在 2D 游戏中使用 2D 图像文件作为精灵,或者作为 2D 游戏中的 UI 图片元素,那么必须手动将其 Texture Type 更改为 Sprite(2D and UI)。

　　2. 精灵渲染器(Sprite Renderer)

　　精灵是 Unity2D 里面通过图片纹理实现的游戏对象,通常是游戏里面的玩家、敌人等。在 Unity 里面创建一个精灵的操作非常简单,可以依次选择 GameObject→2D Object→Sprite 创建精灵。Sprite Renderer 组件用于渲染精灵,还可以通过 Components 菜单(Component→Rendering→Sprite Renderer)将该组件添加到现有的游戏对象上,精灵渲染器属性如图 3.21、图 3.22 所示,精灵渲染器属性介绍表如表 3.2 所示。

图 3.21　精灵渲染器属性

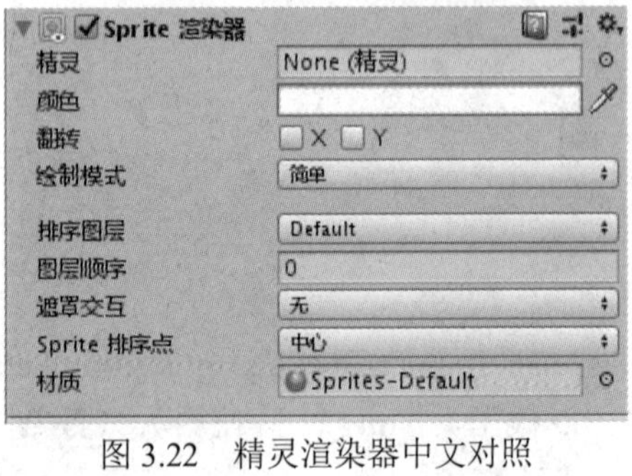

图 3.22　精灵渲染器中文对照

表 3.2　精灵渲染器属性介绍

属　性	说　明
Sprite	定义该组件应渲染的精灵纹理,单击右侧的小圆点可打开对象选择器窗口,然后从可用精灵资源列表中进行选择
Color	定义精灵的顶点颜色,用于对精灵的图像进行着色或重新着色
Flip	沿选定的轴翻转精灵纹理
Material	定义用于渲染精灵纹理的材质
Draw Mode	定义精灵尺寸发生变化时的缩放方式
・Simple	当精灵尺寸发生变化时,整个图像都缩放,默认选项
・Sliced	当精灵为切片精灵时,选择此模式
・Size(Sliced 或 Tiled)	输入精灵的新 Width 和 Height 值以正确缩放切片精灵
・Tiled	默认情况下,此模式会使切片精灵的中间部分在精灵尺寸发生变化时平铺而不是缩放
・Continuous	默认的 Tile Mode 设置,在 Continuous 模式下,当精灵尺寸发生变化时,中间部分会均匀地平铺
・Adaptive	在 Adaptive 模式下,精灵纹理在尺寸发生变化时会拉伸,类似于 Simple 模式。当更改尺寸的缩放大小达到 Stretch Value 时,中间部分开始平铺
・Stretch Value	使用滑动条设置 0~1 之间的值,最大值为 1,表示原始精灵缩放的两倍
Sorting Layer	设置精灵的排序图层(Sorting Layer),此图层用于控制渲染期间的精灵优先级
Order in Layer	设置精灵在其排序图层中的渲染优先级,编号较低的精灵先渲染,编号较高的精灵叠加在前者之上
Mask Interaction	设置精灵渲染器在与精灵遮罩交互时的行为方式
・None	精灵渲染器不与场景中的任何精灵遮罩交互,这是默认选项
・Visible Inside Mask	精灵在精灵遮罩覆盖精灵的地方是可见的,而在遮罩外部不可见
・Visible Outside Mask	精灵在精灵遮罩外部是可见的,而在遮罩内部不可见,精灵遮罩会隐藏其覆盖的精灵部分
Sprite Sort Point	在计算精灵和摄像机之间的距离时,在精灵中心(Center)或其轴心点(Pivot Point)之间进行选择

3.2.2　材质、着色器和纹理

1. 基本概念

材质:物体的质地,指颜色、纹理、光滑度、透明度、反射率、折射率、发光度等,实际就是 Shader 的实例。

Shader 着色器:用来控制可编程图形渲染管线的程序,为了方便游戏开发者使用,Unity

提供了数量超过 60 个的内建 Shader，包括从最简单的顶点光照效果到高光、法线、反射等游戏中最常用的材质效果。这些内建 Shader 的代码可以在 Unity 官方网站下载，开发者基于这些代码可以开发更多个性化的 Shader。在 Unity 中基于物理着色的内建着色器叫做 StandarShader(标准着色器)。

Texture 纹理：附加到物体表面的贴图。

2. 标准 Shader 相关设置选项

Shader 属性如图 3.23、图 3.24 所示。

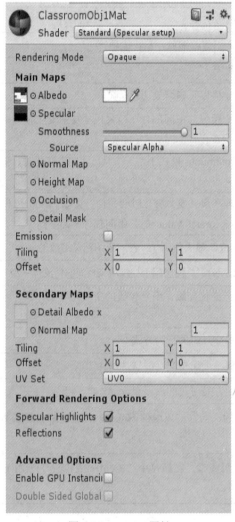

图 3.23　Shader 属性　　　　　　　　图 3.24　Shader 属性中文对照

1) 标准 Shader 的四种不同渲染模式

(1) Opaque：默认的设置，适合渲染不透明的物体。

(2) Cutout：允许渲染带有完全不透明或完全透明区域的物体。

(3) Fade：允许通过透明度的等级来实现物体的渐变显示。

(4) Transparent：允许渲染一些纯透明的物体，比如玻璃、透明塑料等。

2) 标准的 Shader 的贴图类型

(1) Albedo：用于定义材质的色彩和透明度。

(2) Metallic：用于定义材质表面对光的反射量，可以通过两种方式进行控制，一种方式是拖动 Metallic 和 Smoothness 的滑动条。Metallic 数值决定了材质接近金属的程度，如果 Metallic 数值接近 1，那么对光的反射量就最大。而 Smoothness 数值则决定了材质表面的光滑度。另一种方式是给 Metarial 赋予一个 texture map。当给 Metallic 赋予材质时，Metallic 滑动条都会消失，材质的 Red 通道决定 Metarial 值，而 Alpha 通道则决定了材质的表面光滑度。Source 值表示选择哪个属性纹理的 Alpha 通道值。

(3) Normal Map：法线贴图，给物体表面添加类似刮痕或者凹槽的效果。法线贴图是一种特殊类型的图片，可以通过 3D 建模软件生成，也可以手动生成。

(4) Height Map：高度贴图是一种类似法线贴图的技术，用于给表面定义凹凸效果。

(5) Occlusion Map：剔除贴图定义物体特殊区域的间接光亮，通常在 3D 建模软件中基于 3D 模型的拓扑结构创建。剔除贴图是灰度图，白色代表该区域将完全接收间接光照，黑色则代表该区域将不接收任何间接光照。

(6) Emission：发光，控制材质表面所发射光线的色彩和强度，一旦设置了 Emission 值，材质看起来就像是从内部发光一样。

(7) Secondary Maps：允许设置材质的第二个贴图。

3. 创建和使用材质

要创建新材质，可从 Project 视图中单击鼠标右键，在弹出的列表中依次选择 Assets →Create→Material。默认情况下会为新材质指定标准着色器，并且所有贴图属性都为空。创建材质后，可将其应用于对象并在 Inspector 中调整其所有属性。要将材质应用于对象，只需将其从 Project 视图拖到 Scene 或 Hierarchy 视图中的任何对象上。

设置材质属性的方法如下：

(1) 选择希望特定材质使用的着色器，在 Inspector 中展开 Shader 的下拉列表中选择新的着色器，所选的着色器将决定可更改的属性。

(2) 属性可能包括颜色、滑动条、纹理、数字或矢量，如果已将材质应用于 Scene 视图中的活动对象，将看到属性更改会实时应用于对象。将纹理应用于属性时可采用两种方法，分别是：

① 将其从 Project 视图拖到纹理方块上。

② 单击 Select 按钮后从显示的下拉列表中选择纹理。

3.2.3 音频

Unity 音频相关组件主要有音频源(Audio Source)、音频剪辑(Audio Clip)、音频监听器 (Audio Listener)、过滤器组件等几部分。

音频源是场景中某个位置的发声装置，好像一个喇叭，播放着音频剪辑。发出的声音将输出到音频监听器，或者声音混淆器(Audio Mixer)。一般相机会默认自带一个 Audio Listener 组件，也就是说一个场景中，存在了默认相机的情况下，只要添加一个音频源，设置了播放的音频剪辑，就可以完成播放的操作，而对于听到的声音强弱和效果，则根据后续需要来决定。

音频源可以播放任意类型的音频剪辑，它可以被配置为 2D 音频源、3D 音频源或者2D、3D 音频源的混合形式(Spatial Blend，即空间混合)。声音可以通过多个扬声器进行输出，用于模拟立体声。

声音也可以在 3D 和 2D 音频源之间进行空间混合变换，这种变换可以通过距离上的衰减曲线来进行控制。另外，如果音频监听器伴随着一个或者多个回音区域(Reverb Zones)，将同时产生回音。也可以对音频源应用一些特殊的音频滤波器来获得更加丰富的音效体验。

音频源属性如图 3.25、图 3.26 所示，音频源属性详细介绍如表 3.3 所示。

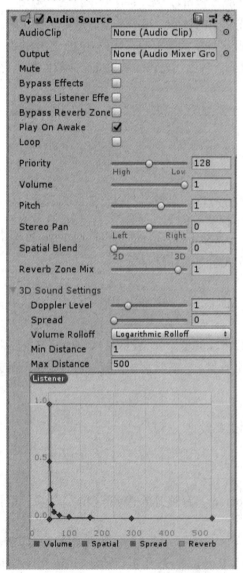

图 3.25　音频源 Audio Source 属性

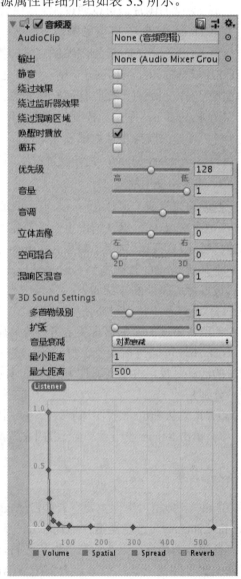

图 3.26　音频源 Audio Source 属性中文对照

表 3.3　音频源 Audio Sourc 属性介绍

属　性	说　明
Audio Clip	将要播放的声音剪辑文件
Output	默认情况下,剪辑将直接输出到场景中的音频监听器(Audio Listener),使用此属性可以更改为将剪辑输出到混音器(Audio Mixer)
Mute	如果启用此选项,则为静音
Bypass Effects	可快速"绕过"应用于音频源的滤波器效果,启用/停用效果的快捷方式
Bypass Listener Effects	快速启用/停用所有监听器的快捷方式
Bypass Reverb Zones	快速打开/关闭所有混响区的快捷方式
Play On Awake	启用此选项,声音将在场景启动时开始播放,如果禁用此选项,则需要通过脚本使用 Play()命令启用播放
Loop	启用此选项可在音频剪辑结束后循环播放
Priority	从场景中存在的所有音频源中确定此音频源的优先级(Priority 值为 0 表示优先级最高,值为 256 表示优先级最低,默认值为 128)
Volume	调节音量的大小,声音的大小与音频监听器的距离成正比,以米为单位
Pitch	由于音频剪辑的减速/加速导致的音高变化量,值为 1 表示正常播放速度
Stereo Pan	设置 2D 声音的立体声位置
Spatial Blend	设置 3D 引擎对音频源的影响程度
Reverb Zone Mix	设置路由到混响区的输出信号量,该量是线性的,范围为 0~1,但允许在 1~1.1 范围内进行 10 dB 放大,这对于实现近场和远距离声音的效果很有用
3D Sound Settings	与 Spatial Blend 参数成正比应用的设置
Doppler Level	确定将对此音频源应用多普勒效果的程度(如果设置为 0,则不应用任何效果)
Spread	在发声空间中将扩散角度设置为 3D 立体声或多声道
Volume Rolloff	声音衰减的速度,此值越高,监听器必须越接近才能听到声音
• Logarithmic Rolloff	靠近音频源时,声音很大,但离开对象时,声音降低得非常快
• LinearRolloff	与音频源的距离越远,听到的声音越小
• Custom Rolloff	音频源的音频效果是根据曲线图的设置变化的
Min Distance	在 MinDistance 内,声音将保持可能的最大响度,在 MinDistance 之外,声音将开始减弱,增加声音的 MinDistance 属性可使声音在 3D 世界中"更响亮",而降低此属性则可以让声音在 3D 世界中"更安静"
Max Distance	声音停止衰减的距离,超过此距离之后,声音将保持与监听器之间距离 MaxDistance 单位时的音量,不再衰减

3.3　物　理　系　统

3.3.1　刚体

1. 刚体概述

刚体(Rigidbody)可以让一个物体受到物理影响，比如添加 Rigidbody 组件后，物体会立马对重力做出反应。如果物体上还添加了 Collider 组件，物体在受到碰撞时也会移动。

在 Unity 中，如果希望两个对象发生碰撞，那么这两个对象上都要有 Collider 组件，并且其中一个对象上必须有 Rigidbody 组件。

当一个对象上挂载着 Rigidbody 组件时，应该使用"力"来移动物体，由物理引擎来计算移动过程中的物理效果，而不是修改对象的 Transform 组件中的 Position 属性。在日常开发中，也会遇到不该用力移动对象，但仍然希望物体进行物理计算的情况。例如玩家的移动，这种移动称为动力学运动，此时，可以勾选 Rigidbody 组件下的 Is Kinematic 属性。Rigidbody 基本属性如图 3.27 所示。

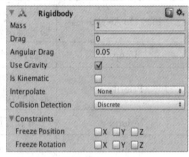

图 3.27　Rigidbody 基本属性

2. Rigidbody 属性介绍

Rigidbody 属性详细介绍如表 3.4 所示。

表 3.4　Rigidbody 属性介绍

属　性	说　明
Mass	刚体的质量，单位是千克(kg)
Drag	空气阻力，0 代表没有空气阻力，无限大的值代表物体会立即停下来(惯性消失)
Angular Drag	物体受到一个扭力旋转时的阻力，0 代表没有阻力，但是需要注意的是无限大的值并不能让物体立即停止旋转
Use Gravity	是否受重力影响
Is Kinematic	选中时，物体不会受到物理引擎的影响，只能通过修改 Transform 移动物体
Interpolate	插值，如果发现刚体移动有卡顿，可以尝试选择此选项
• None	不应用插值
• Interpolate	根据前一帧的变换来平滑变换
• Extrapolate	根据下一帧的估计变换来平滑变换
Collision Detection	碰撞检测的方式，当刚体快速运动时，可能会出现穿透的现象，可以设置此选项
• Discrete	对场景中的所有其他碰撞体使用离散碰撞检测。其他碰撞体在测试碰撞时会使用离散碰撞检测。用于正常碰撞(这是默认值)

续表

属　性	说　明
• Continuous	对动态碰撞体(具有刚体)使用离散碰撞检测,并对静态碰撞体(没有刚体)使用基于扫掠的连续碰撞检测。设置为连续动态(Continuous Dynamic)的刚体将在测试与该刚体的碰撞时使用连续碰撞检测。其他刚体将使用离散碰撞检测。用于连续动态(Continuous Dynamic)检测需要碰撞的对象。(此属性对物理性能有很大影响,如果没有快速对象的碰撞问题,请将其保留为 Discrete 设置)
• Continuous Dynamic	对设置为连续(Continuous)和连续动态(Continuous Dynamic)碰撞的游戏对象使用基于扫掠的连续碰撞检测。还将对静态碰撞体(没有刚体)使用连续碰撞检测。对于所有其他碰撞体,使用离散碰撞检测。用于快速移动的对象。
• Continuous Speculative	对刚体和碰撞体使用推测性连续碰撞检测。这也是可以设置运动物体的唯一 CCD 模式。该方法通常比基于扫掠的连续碰撞检测的成本更低
Contraints	约束刚体的运动
• Freeze Position	有选择地停止刚体沿世界 X、Y 和 Z 轴的移动
• Freeze Rotation	有选择地停止刚体围绕局部 X、Y 和 Z 轴旋转

3.3.2　碰撞体

1. 碰撞体概述

碰撞体是物理组件中的一类,3D 物理组件和 2D 物理组件有独立的碰撞体组件,它要与刚体一起添加到游戏对象上才能触发碰撞。如果两个刚体碰撞在一起,除非两个对象有碰撞体时物理引擎才会计算碰撞,否则,物理模拟中没有碰撞体的刚体会彼此相互穿过。最简单(并且也是处理器开销最低)的碰撞体是所谓的原始碰撞体类型。在 3D 中,这些碰撞体为盒型碰撞体、球形碰撞体和胶囊碰撞体。在 2D 中,可以使用 2D 盒型碰撞体和 2D 圆形碰撞体。可以将任意数量的上述碰撞体添加到单个对象以创建复合碰撞体。

一般可以通过选中游戏对象,依次选择菜单栏中的 Component→Physics 命令来为游戏对象添加不同类型的碰撞体,如图 3.28 所示。

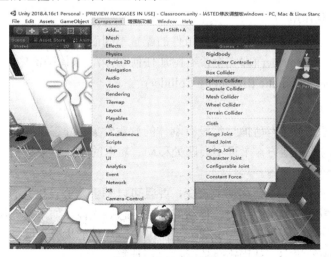

图 3.28　添加碰撞体

碰撞体类型分为以下 6 种：

(1) 盒型碰撞体(Box Collider)：立方体的原始形状。

(2) 球形碰撞体(Sphere Collider)：球体的原始形状。

(3) 胶囊碰撞体(Capsule Collider)：胶囊体的原始形状。

(4) 网格碰撞体(Mesh Collider)：根据对象网格创建碰撞体，不能与另一个网格碰撞体碰撞。

(5) 车轮碰撞体(Wheel Collider)：专门用于创建汽车或其他移动车辆。

(6) 地形碰撞体(Terrain Collider)：处理与 Unity 地形系统的碰撞。

2. 提示

两个刚体的相对质量决定了它们相互碰撞时的反应情况。使一个刚体具有比另一个刚体更大的质量并不会使其在自由落体时降落得更快，要使用阻力 Drag，较低的 Drag 值会让对象看起来较重，较高的 Drag 值会让对象看起来较轻。Drag 的典型值为 0.001(实心金属块)~10(羽毛)之间。

3. 脚本碰撞回调

发生碰撞时，物理引擎会在附加到相关对象的所有脚本上调用特定名称的函数。可以在这些函数中放置所需的任何代码来响应碰撞事件。例如当汽车撞到障碍物时，可以播放碰撞音效。

在第一个检测到碰撞的物理更新中，将调用 OnCollisionEnter()函数。在保持接触的更新期间，将调用 OnCollisionStay()函数，最后由 OnCollisionExit()函数指示接触已经中断。触发碰撞体会调用模拟的 OnTriggerEnter()、OnTriggerStay()和 OnTriggerExit()函数。请注意，对于 2D 物理，可使用在名称中附加了 2D 字样的等效函数，例如 OnCollisionEnter2D()函数。对于正常的非触发碰撞，所涉及的对象中至少有一个对象必须具有非运动刚体(即必须关闭 Is Kinematic)属性。如果两个对象都是运动刚体，则不会调用 OnCollisionEnter()等函数。对于触发碰撞，此限制不适用，因此运动和非运动刚体都会在进入触发碰撞体时提示调用 OnTriggerEnter()函数。

4. 碰撞体相互作用

碰撞体彼此之间的相互作用因刚体组件的配置不同而不同。刚体组件的 3 个重要配置是静态碰撞体(Static Collider)(即完全没有附加任何刚体)、刚体碰撞体(Rigidbody Collider)和运动刚体碰撞体(Kinematic Rigidbody Collider)。

1) 静态碰撞体

静态碰撞体是一种具有碰撞体但没有刚体的游戏对象。静态碰撞体用于表示关卡几何体，始终停留在同一个地方，永远不会四处移动。靠近的刚体对象将与静态碰撞体发生碰撞，但不会移动静态碰撞体。

假定静态碰撞体永远不会移动或改变，并且可以基于此假设进行有用的优化。因此，在游戏运行过程中不应禁用、启用、移动或缩放静态碰撞体。如果更改静态碰撞体，则会导致物理引擎进行额外的内部重新计算，从而导致游戏性能大幅下降。这些更改有时会使碰撞体处于不明确的状态，从而产生错误的物理计算。

2) 刚体碰撞体

刚体碰撞体是一种附加碰撞体和普通非运动刚体的游戏对象。刚体碰撞体完全由物理引擎模拟,并可响应通过脚本施加的碰撞和力。刚体碰撞体可与其他对象(包括静态碰撞体)碰撞,是使用物理组件的游戏中最常用的碰撞体配置。

3) 运动刚体碰撞体

运动刚体碰撞体是一种附加碰撞体和运动刚体(即启用刚体的 Is Kinematic 属性)的游戏对象。可使用脚本来移动运动刚体对象(通过修改对象的变换组件),但该对象不会像非运动刚体一样响应碰撞和力。运动刚体应该用于符合以下特征的碰撞体:偶尔可能被移动、禁用或启用,除此之外的行为应该像静态碰撞体一样。与静态碰撞体不同,移动的运动刚体会对其他对象施加摩擦力,并在双方接触时"唤醒"其他刚体。即使处于不动状态,运动刚体碰撞体也会对静态碰撞体产生不同的行为。如果将碰撞体设置为触发器,则还需要向其添加刚体以便在脚本中接收触发器事件。如果不希望触发器在重力作用下跌落或在其他方面受物理影响,则可以在其刚体上设置 Is Kinematic 属性,使用 Is Kinematic 属性随时让刚体组件在常态和运动行为之间切换。

3.3.3　触发器

1. 基本概念

在 Unity 3D 中,检测碰撞发生的方式有两种,一种是利用碰撞体,另一种则是利用触发器。

触发器用来触发事件,在很多游戏引擎或工具中都有触发器。当绑定了碰撞体的游戏对象进入触发器区域时,会运行触发器对象上的 OnTriggerEnter()函数,同时需要在检视面板中的碰撞体组件中勾选 Is Trigger 复选框,如图 3.29 所示。

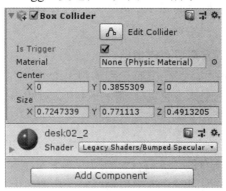

图 3.29　触发器

脚本系统可以使用 OnCollisionEnter()函数检测何时发生碰撞并启动操作。但是,也可以直接使用物理引擎检测碰撞体何时进入另一个对象的空间而不会产生碰撞。配置为触发器(使用 Is Trigger 属性)的碰撞体不会表现为实体对象,只会允许其他碰撞体穿过。当碰撞体进入其空间时,触发器将在触发器对象的脚本上调用 OnTriggerEnter()函数。

2. 3D 触发器与碰撞器的区别

1) 触发信息检测使用的相关函数

MonoBehaviour.OnTriggerEnter(Collider collider)是当进入触发器时执行一次。

MonoBehaviour.OnTriggerExit(Collider collider)是当退出触发器时执行一次。

MonoBehaviour.OnTriggerStay(Collider collider)是当逗留触发器时不断执行。

2) 碰撞信息检测使用的相关函数

MonoBehaviour.OnCollisionEnter(Collision collision)是当进入碰撞器时执行一次。

MonoBehaviour.OnCollisionExit(Collision collision)是当退出碰撞器时执行一次。

MonoBehaviour.OnCollisionStay(Collision collision)是当逗留碰撞器时不断执行。

3. 2D 触发器与碰撞器的区别

1) 触发信息检测使用的相关函数

MonoBehaviour.OnTriggerEnter2D(Collider2D)是当进入 2D 触发器时执行一次。

MonoBehaviour.OnTriggerExit2D(Collider2D)是当退出 2D 触发器时执行一次。

MonoBehaviour.OnTriggerStay2D(Collider2D)是当逗留 2D 触发器时不断执行。

2) 碰撞信息检测使用的相关函数

MonoBehaviour.OnCollisionEnter2D(Collision2D)是当进入 2D 碰撞器时执行一次。

MonoBehaviour.OnCollisionExit2D(Collision2D)是当退出 2D 碰撞器时执行一次。

MonoBehaviour.OnCollisionStay2D(Collision2D)是当逗留 2D 碰撞器时不断执行。

4. 物体发生碰撞的必要条件

碰撞器是触发器的载体，而触发器只是碰撞器的一个属性。发生碰撞的两个物体都必须带有碰撞器(Collider)，其中一个物体还必须带有 Rigidbody 刚体。

碰撞器是一群组件，它包含了很多种类，如 Box Collider(盒型碰撞体)，Mesh Collider(网格碰撞体)等，这些碰撞器应用的场合不同，但都必须加到游戏对象上。

触发器只需要在检视面板中的碰撞器组件中勾选 Is Trigger 属性复选框。

5. 产生碰撞的条件

若要产生碰撞，必须双方都要有碰撞器。

运动的一方一定要有刚体，另一方有无刚体则无所谓。

注：如果运动的一方无刚体，它去碰撞静止的刚体就相当于没有撞上。

6. 接触的两种方式

Collision 碰撞会造成物理碰撞，可以在碰撞时执行 OnCollision 事件。

Trigger 触发则会取消所有的物理碰撞，可以在触发时执行 OnTrigger 事件。

注：两个物体接触不可能同时产生碰撞和触发，最多产生其中一种。但是可以 AB 两个物体产生碰撞，而 AC 两个物体产生触发。

7. 产生不同方式接触的条件

1) Collision 碰撞

(1) 双方都有碰撞体。

(2) 运动的一方必须有刚体。

(3) 双方不可同时勾选 Kinematic 选项。

(4) 双方都不可勾选 Trigger 触发器。

2) Trigger 触发

(1) 双方都有碰撞体，运动的一方必须是刚体。

(2) 至少一方勾选 Trigger 触发器。

3.3.4　关节

1. 关节的分类

关节可分为铰链关节、固定关节、弹簧关节、角色关节和可配置关节五大类。

2. 铰链关节

铰链关节(Hinge Joint)将两个物体以链条的形式绑在一起,当力量大于链条的固定力矩时,两个物体就会产生相互的拉力。铰链关节将两个刚体组合在一起,对刚体进行约束,让它们就像通过铰链连接一样移动。铰链关节非常适合用于门,但也可用于模拟链条、钟摆等对象。铰链关节具体属性如图 3.30、图 3.31 所示,属性具体内容如表 3.5 所示。

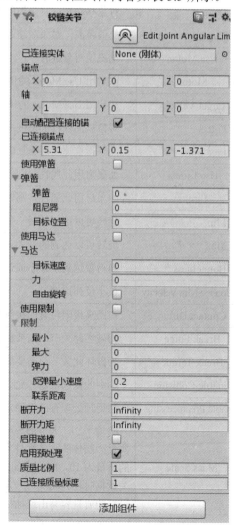

图 3.30　铰链关节属性　　　　　图 3.31　铰链关节属性中文对照

表 3.5　铰链关节属性介绍

属　性	说　明
Connected Body	对关节所依赖的刚体的引用(可选)，如果未设置，则关节连接到世界
Anchor	连接体围绕摆动的轴位置，该位置在局部空间中定义
Axis	连接体围绕摆动的轴方向，该方向在局部空间中定义
Auto Configure Connected Anchor	如果启用此属性，则会自动计算连接锚点(Connected Anchor)位置以便与锚点属性的全局位置匹配，这是默认行为，如果禁用此属性，则可以手动配置连接锚点的位置
Connected Anchor	手动配置连接锚点位置
Use Spring	弹簧使刚体相对于其连接体呈现特定角度
Spring	在启用 Use Spring 的情况下使用的弹簧的属性
• Spring	对象声称移动到位时施加的力。
• Damper	对象移动到位时施加的力
• Target Position	此值越高，对象减速越快
Use Motor	电机使对象旋转
Motor	在启用 Use Motor 的情况下使用的电机的属性
• Target Velocity	在启用 Use Motor 的情况下使用的电机的属性
• Force	对象试图获得的速度
• Free Spin	为获得该速度而施加的力
Use Limits	如果启用此属性，则铰链的角度将被限制在 Min 到 Max 值范围内。
Limits	如果启用此属性，则铰链的角度将被限制在 Min 到 Max 值范围内
• Min	旋转可以达到的最小角度
• Max	旋转可以达到的最大角度
• Bounciness	当对象达到了最小或最大停止限制时对象的反弹力大小
• Bounce Min Velocity	最小反弹速度
• Contact Distance	在距离极限位置的接触距离内，接触将持续存在以免发生抖动
Break Force	为破坏此关节而需要施加的力
Break Torque	为破坏此关节而需要施加的扭矩
Enable Collision	选中此复选框后，允许关节连接的连接体之间发生碰撞
Enable Preprocessing	禁用预处理有助于稳定无法满足的配置
Mass Scale	质量尺寸，关节的驱动力和约束力作用于物体时，在解算过程中所用的实际质量为物体的刚体组件上的质量乘以该值。如果物体的质量为 1，连接的物体的质量为 10，Mass Scale 为 10，则物体和连接物体的质量在关节解算器计算相关数据时视为相同。一定要注意，物理系统中质量对物体的表现有很大影响，过轻的质量容易出现抽搐、摇晃、飘荡、飞起等现象
Connected Mass Scale	连接的物体的质量尺寸

3. 固定关节

固定关节(Fixed Joint)将两个物体永远以相对的位置固定在一起，即使发生物理改变，它们之间的相对位置也不变。这类似于管控(Parenting)，但是实现的方式是通过物理系统而不是变换(Transform)层级视图。使用固定关节的最佳场合是在希望对象可以轻松相互分离时，或者在没有管控情况下连接两个对象的移动，固定关节的属性如图 3.32、图 3.33 所示。

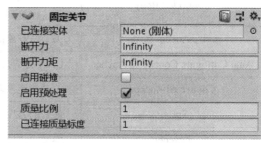

图 3.32 固定关节属性   图 3.33 固定关节属性中文对照

固定关节的属性介绍如表 3.6 所示。

表 3.6 固定关节属性介绍

属　　性	说　　明
Connected Body	对关节所依赖的刚体的引用(可选)，如果未设置，则关节连接到世界
Break Force	为破坏此关节而需要施加的力
Break Torque	为破坏此关节而需要施加的扭矩
Enable Collision	选中此复选框后，允许关节连接的连接体之间发生碰撞
Enable Preprocessing	禁用预处理有助于稳定无法满足的配置

4. 弹簧关节

弹簧关节(Spring Joint)将两个物体以弹簧的形式绑定在一起，挤压它们会得到向外的力，拉伸它们将得到向里的力，弹簧关节具体属性如图 3.34、图 3.35 所示。

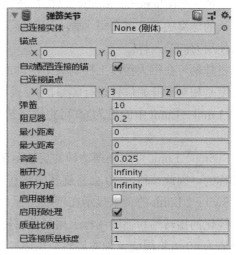

图 3.34 弹簧关节属性   图 3.35 弹簧关节属性中文对照

弹簧关节将两个刚体连接在一起，但允许两者之间的距离改变，就好像它们通过弹簧连接一样。弹簧关节的属性介绍如表 3.7 所示。

表 3.7　弹簧关节属性介绍

属　　性	说　　明
Connected Body	包含弹簧关节的对象连接到的刚体对象，如果未指定对象，则弹簧将连接到空间中的固定点
Anchor	关节在对象的局部空间中所附加到的点
Auto Configure Connected Anchor	Unity 是否应该自动计算连接锚点的位置
Connected Anchor	关节在连接对象的局部空间中所附加到的点
Spring	弹簧的强度
Damper	弹簧为活性状态时的压缩程度
Min Distance	弹簧不施加任何力的距离范围的下限
Max Distance	弹簧不施加任何力的距离范围的上限
Tolerance	更改容错。允许弹簧具有不同的静止长度
Break Force	为破坏此关节而需要施加的力
Break Torque	为破坏此关节而需要施加的扭矩
Enable Collision	是否应启用两个连接对象之间的相互碰撞
Enable Preprocessing	禁用预处理有助于稳定无法满足的配置
Mass Scale	当前刚体的质量比例
Connected Mass Scale	连接刚体的质量比例

5. 角色关节

角色关节(Character Joint)可以模拟角色的骨骼关节，主要用于布娃娃效果。此类关节是延长的球窝关节，可在每个轴上限制该关节。角色关节提供了很多约束运动的可能性，就像使用万向节一样。

扭转轴可在很大程度上控制关节活动的上限和下限，允许按照度数指定上限和下限(限制角度是相对于开始位置进行测量的)。设置 Low Twist Limit→Limit 中的值为-30 和 High Twist Limit→Limit 中的值为 60 可将围绕扭转轴(橙色辅助图标)的旋转范围限制在-30～60度之间。

Swing 1 Limit 可限制摆动轴的旋转范围(用辅助图标上的绿色轴可视化)，且限制角度是对称的。因此该值为 30 会将旋转限制在 -30～30 度之间。

Swing 2 Limit 的轴未显示在辅助图标上，但该轴垂直于其他两个轴(即辅助图标上用橙色可视化的扭转轴和辅助图标上用绿色可视化的 Swing 1 Limit 轴)，且角度是对称的，因此该值为 40 可将围绕该轴的旋转范围限制在 -40～40 度之间。

角色关节属性如图 3.36、图 3.37 所示。

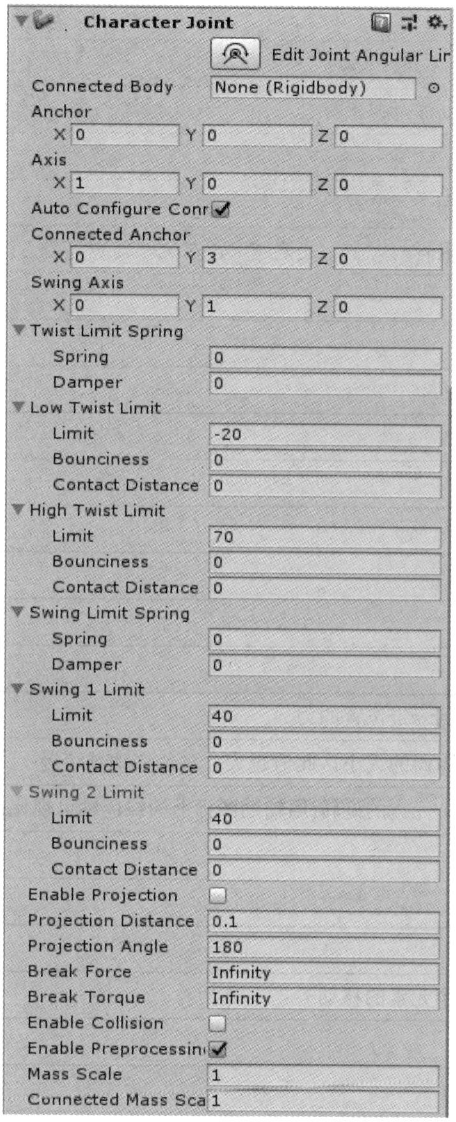

图 3.36 角色关节属性

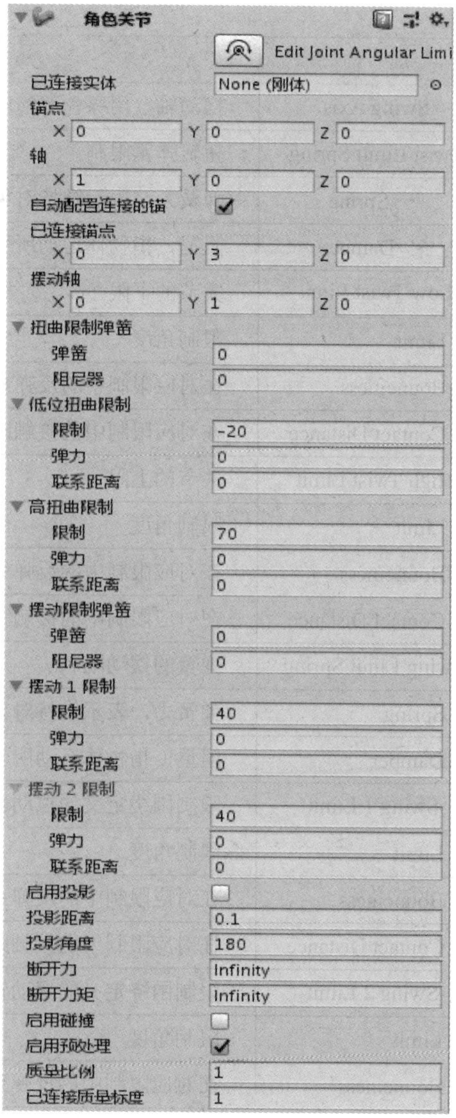

图 3.37 角色关节属性中文对照

角色关节的属性介绍如表 3.8 所示。

表 3.8 角色关节属性介绍

属 性	说 明
Connected Body	对关节所依赖的刚体的引用(可选)如果未设置，则关节连接到世界
Anchor	关节在游戏对象的局部空间中旋转时围绕的点
Axis	扭转轴。用橙色的辅助图标椎体可视化。
Auto Configure Connected Anchor	如果启用此属性，则会自动计算连接锚点(Connected Anchor)位置以便与锚点属性的全局位置匹配，这是默认行为，如果禁用此属性，则可以手动配置连接锚点的位置
Connected Anchor	手动配置连接锚点位置

属　性	说　　明
Swing Axis	摆动轴，用绿色的辅助图标椎体可视化
Twist Limit Spring	扭转弹簧限制
· Spring	弹簧力，表示维持对象移动到一定位置的力
· Damper	阻尼，指物体运动所受到的阻碍的大小，此值越大，对象移动越缓慢
Low Twist Limit	关节的下限
· Limit	限制角度
· Bounciness	在对应限制中的反弹系数
· Contact Distance	在对应限制中的接触距离
High Twist Limit	关节的上限
· Limit	限制角度
· Bounciness	在对应限制中的反弹系数
· Contact Distance	在对应限制中的接触距离
Swing Limit Spring	弹簧的摆动限制
· Spring	弹簧力，表示维持对象移动到一定位置的力
· Damper	阻尼，指物体运动所受到的阻碍的大小，此值越大，对象移动越缓慢
Swing 1 Limit	限制围绕定义的摆动轴的一个元素的旋转(用辅助图标上的绿色轴可视化)
· Limit	限制角度
· Bounciness	在对应限制中的反弹系数
· Contact Distance	在对应限制中的接触距离
Swing 2 Limit	限制围绕定义的摆动轴的一个元素的移动
· Limit	限制角度
· Bounciness	在对应限制中的反弹系数
· Contact Distance	在对应限制中的接触距离
Enable Projection	关节投射的角度
Projection Distance	破坏关节所需的力
Projection Angle	破坏关节所需的力矩
Break Force	破坏此关节需要施加的力
Break Torque	破坏此关节需要施加的扭矩
Enable Collision	选中此复选框后，允许关节连接的连接体之间发生碰撞
Enable Preprocessing	禁用预处理有助于稳定无法满足的配置
Mass Scale	当前刚体的质量比例
Connected Mass Scale	连接刚体的质量比例

6. 可配置关节

可配置关节(Configurable Joint)可以模拟任意关节的效果。可配置关节组件支持用户自定义关节，它开放了 Physics 引擎中所有与关节相关的属性，因此可像其他的类型的关节那样来创建各种行为。可配置关节有两类主要的功能，即移动/旋转限制和移动/旋转加速器。

可配置关节属性如图 3.38、图 3.39 所示，属性详细内容见表 3.9 所示。

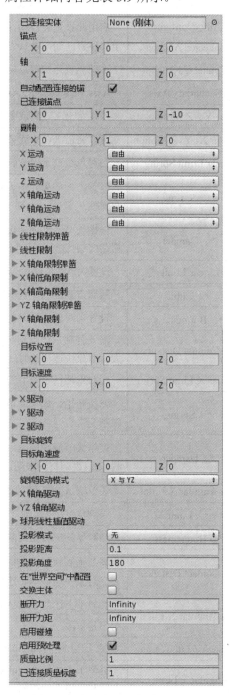

图 3.38　角色关节属性　　　　　　　　图 3.39　角色关节属性中文对照

表 3.9　可配置关节属性介绍

属 性	说 明
Connected Body	连接的另一个刚体,如果设置为空,则表示连接空间中的固定点
Anchor	定义关节中心的点,所有基于物理的模拟都使用此点作为计算的中心
Axis	用于基于物理模拟来定义对象自然旋转的局部轴
Auto Configure Connected Anchor	启用此设置会自动计算连接锚点(Connected Anchor)位置以便与锚点属性的全局位置匹配,默认设置,禁用此设置可以手动配置连接锚点的位置
Connected Anchor	手动配置连接锚点位置
Secondary Axis	Axis 和 Secondary Axis 定义了关节的局部坐标系
X,Y,Z Motion	可以将沿 X、Y 或 Z 轴的移动设置为 Free、完全 Locked 或 Limited
Angular X,Y,Z Motion	可以将沿 X、Y 或 Z 轴的旋转设置为 Free、完全 Locked 或 Limited
Linear Limit Spring	当对象超过了限制位置时施加弹簧力以拉回对象
• Spring	弹簧力,如果此值设置为零,则无法逾越限制,零以外的值将使限制变得有弹性
• Damper	根据关节运动的速度按比例减小弹簧力,设置为大于零的值可让关节抑制振荡(否则将无限期进行振荡)
Linear Limit	设置关节线性移动的限制(即移动距离而不是旋转),指定为距关节原点的距离
• Limit	从原点到限制位置的距离(采用世界单位)
• Bounciness	设置当对象达到限制距离时要将对象拉回而施加的弹力
• Contact Distance	需要强制执行限制时,关节位置和限制位置之间的最小距离公差,公差越大,对象快速移动时违反限制的可能性就越低
Angular X Limit Spring	当对象超过了关节的限制角度时施加弹簧扭矩以反向旋转对象
• Spring	弹簧扭矩,如果此值设置为零,则无法逾越限制,设置为零以外的值将使限制变得有弹性
• Damper	根据关节旋转的速度按比例减小弹簧扭矩,设置为大于零的值可让关节抑制振荡(否则将无限期进行振荡)
Low Angular X Limit	关节绕 X 轴旋转的下限,指定为距关节原始旋转的角度
• Limit	限制角度
• Bounciness	当对象的旋转达到限制角度时要在对象上施加的反弹扭矩
• Contact Distance	需要强制执行限制时的最小角度公差(关节角度和限制位置之间),公差越大,对象快速移动时违反限制的可能性就越低
High Angular X Limit	类似于上述的 Low Angular X Limit 属性,但确定的是关节旋转角度上限,而不是下限
Angular YZ Limit Spring	类似于上述的 Angular X Limit Spring 属性,但适用于围绕 Y 轴和 Z 轴的旋转
Angular Y Limit	类似于上述的 Angular Y Limit 属性,但会将限制应用于 Y 轴,并将角度的上限和下限视为相同

属 性	说 明
Angular Z Limit	类似于上述的 Angular X Limit 属性，但会将限制应用于 Z 轴，并将角度的上限和下限视为相同
Target Position	关节的驱动力移动到的目标位置
Target Velocity	关节在驱动力下移动到目标位置(Target Position)时所需的速度
X Drive	根据 Position Spring 和 Position Damper 驱动扭矩，设置 Unity 用于使关节绕其局部 X 轴旋转的力，Maximum Force 参数用于限制所施加驱动力的最大限度，仅当 Rotation Drive Mode 属性设置为 X & YZ 时，才可使用此属性
• Position Spring	将关节从当前位置向目标位置旋转的弹簧扭矩
• Position Damper	根据关节当前速度与目标速度之间的差值按比例减小弹簧扭矩量，此做法可减小关节移动速度，设置为大于零的值可让关节抑制振荡(否则将无限期进行振荡)
• Maximum Force	限制可以施加的驱动力大小，要施加计算出的驱动力，可将此属性设置为不太可能计算的驱动高值
Y Drive	类似于上述的 X Drive 属性，但适用于关节的 Y 轴
Z Drive	类似于上述的 X Drive 属性，但适用于关节的 Z 轴
Target Rotation	关节旋转驱动朝向的方向，指定为四元数，除非设置了 Swap Bodies 参数(在这种情况下，目标旋转相对于连接的主体的锚点)，否则目标旋转相对于关节连接到的主体
Target Angular Velocity	关节旋转驱动达到的角速度，此属性指定为矢量，矢量的长度指定旋转速度，而其方向定义旋转轴
Rotation Drive Mode	设置 Unity 如何将驱动力应用于对象以将其旋转到目标方向
Angular X Drive	此属性指定了驱动扭矩如何使关节围绕局部 X 轴旋转，仅当上述 Rotation Drive Mode 属性设置为 X & YZ 时，才可使用此属性
• Position Spring	由 Unity 用于将关节从当前位置向目标位置旋转的弹簧扭矩
• Position Damper	根据关节当前速度与目标速度之间的差值按比例减小弹簧扭矩量，此做法可减小关节移动速度，设置为大于零的值可让关节抑制振荡(否则将无限期进行振荡)
• Maximum Force	限制可以施加的驱动力大小，要施加计算出的驱动力，可将此属性设置为不太可能计算的驱动高值
Angular YZ Drive	类似于上述 Angular X Drive 属性，但适用于关节的 Y 轴和 Z 轴
• Position Spring	由 Unity 用于将关节从当前位置向目标位置旋转的弹簧扭矩
• Position Damper	根据关节当前速度与目标速度之间的差值按比例减小弹簧扭矩量，此做法可减小关节移动速度，设置为大于零的值可让关节抑制振荡(否则将无限期进行振荡)
• Maximum Force	限制可以施加的驱动力大小，要施加计算出的驱动力，可将此属性设置为不太可能计算的驱动高值

属　性	说　明
Projection Mode	此属性定义了当关节意外地超过自身的约束(由于物理引擎无法协调模拟中当前的作用力组合)时如何快速恢复约束
ProjectionDistance	关节超过约束的距离，必须超过此距离才能让物理引擎尝试将关节拉回可接受位置
Projection Angle	关节超过约束的旋转角度，必须超过此角度才能让物理引擎尝试将关节拉回可接受位置
Configured In World Space	启用此属性可以在世界空间而不是对象的本地空间中计算由各种目标和驱动属性设置的值
Swap Bodies	启用此属性可交换物理引擎处理关节中涉及的刚体顺序，这会导致不同的关节运动，但对刚体和锚点没有影响
Break Force	如果通过大于该值的力推动关节超过约束，则关节将被永久破坏并被删除，仅当关节的轴为 Limited 或 Locked 状态时，Break Torque 才会破坏关节
Break Torque	如果通过大于该值的扭矩旋转关节超过约束，则关节将被永久破坏并被删除，无论关节的轴为 Free、Limited 还是 Locked 状态，Break Force 都会破坏关节
Enable Collision	启用此属性可以使具有关节的对象与相连的对象发生碰撞，如果禁用此选项，则关节和对象将相互穿过
Enable Preprocessing	如果禁用预处理，则关节某些"不可能"的配置将保持更稳定，而不会在失控状态下狂乱移动
Mass Scale	要应用于刚体反向质量和惯性张量的缩放比例，范围是从 0.00001～∞
Connected Mass Scale	要应用于连接的刚体的反向质量和惯性张量的缩放比例，范围是从 0.00001～∞

3.3.5　物理材质

物理材质(Physic Material)用于调整碰撞对象的摩擦力和反弹效果。要创建物理材质，可从菜单栏中依次选择 Assets→Create→Physic Material 后，将物理材质从 Project 视图拖入到场景中的碰撞体。

当碰撞体相互作用时，它们的表面需要模拟所应代表的材质的属性，虽然碰撞时碰撞体的形状不会变形，但可以使用物理材质配置碰撞体的摩擦力和弹力，要进行多次试验和纠错后获得正确参数，比如冰材质将具有零(或非常低的)摩擦力，而橡胶材质则具有高摩擦力和近乎完美的弹性。请注意，由于历史原因，3D 资源实际上称为 Physic Material(物理材质)(不带 s)，而等效的 2D 资源则称为 Physics Material 2D(2D 物理材质)(带 s)。

物理材质的属性如图 3.40 所示。

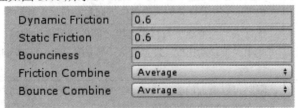

图 3.40　物理材质

物理材质的属性介绍如表 3.10 所示。

表 3.10　物理材质属性

属　　性	说　　明
Dynamic Friction	移动时使用的摩擦力，通常为 0~1 的值，值为 0 就像冰一样，值为 1 将使对象迅速静止(除非用很大的力或重力推动对象)
Static Friction	当对象静止在表面上时使用的摩擦力，通常为 0~1 的值，值为 0 就像冰一样，值为 1 将导致很难让对象移动
Bounciness	值为 0 将不会反弹，值为 1 将在反弹时不产生任何能量损失，预计会有一些近似值，但可能只会给模拟增加少量能量
Friction Combine	两个碰撞对象的摩擦力的组合方式
• 　Average	对两个摩擦值求平均值
• 　Minimum	使用两个值中的最小值
• 　Maximum	使用两个值中的最大值
• 　Multiply	两个摩擦值相乘
Bounce Combine	两个碰撞对象的弹性的组合方式，其模式与 Friction Combine 模式相同

3.3.6　角色控制器

第一人称或第三人称在游戏中的角色通常需要一些基于碰撞的物理效果，这样角色就不会跌穿地板或穿过墙壁。但是，通常情况下，角色的加速度和移动在物理上并不真实，因此角色可以不受动量影响而几乎瞬间加速、制动和改变方向。

在 3D 物理中，可以使用角色控制器创建此类行为。该组件为角色提供了一个始终处于直立状态的简单胶囊碰撞体。控制器有自己的特殊函数来设置对象的速度和方向，但与真正的碰撞体不同，控制器不需要刚体，动量效果也不真实，如图 3.41 所示。

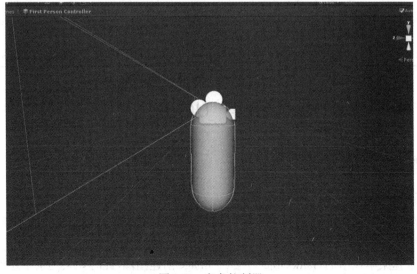

图 3.41　角色控制器

　　角色控制器无法穿过场景中的静态碰撞体,因此将紧贴地板并被墙壁阻挡。控制器可以在移动时将刚体对象推到一边,但不会被接近的碰撞加速。这意味着可以使用标准 3D 碰撞体来创建供控制器行走的场景,但不受角色本身的真实物理行为的限制,角色控制器属性如图 3.42、图 3.43 所示。

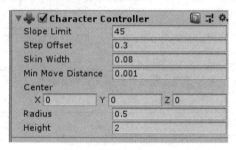

图 3.42　角色控制器属性

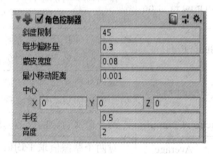

图 3.43　角色控制器属性中文对照

角色控制器的基本属性介绍如表 3.11 所示。

表 3.11　角色控制器基本属性介绍

属　　性	说　　明
Slope Limit	将碰撞体限制为爬坡的斜率不超过指示值(以度为单位)
Step Offset	仅当角色比指示值更接近地面时,角色才会升高一个台阶,该值不应该大于角色控制器的高度,否则会产生错误
Skin Width	两个碰撞体可以穿透彼此且穿透深度最多为皮肤宽度(Skin Width)较大的皮肤宽度可减少抖动,较小的皮肤宽度可能导致角色卡住,合理设置是将此值设为半径的 10%
Min Move Distance	最小移动距离,如果受控制角色对象的移动距离小于该值,则游戏对象将不会移动,可以避免抖动,大多数情况下将该值设为 0
Center	此设置将使胶囊碰撞体在世界空间中偏移,并且不会影响角色的枢转方式
Radius	胶囊碰撞体的半径长度,此值本质上是碰撞体的宽度
Height	角色的胶囊碰撞高度,更改此设置将在正方向和负方向沿 Y 轴缩放碰撞体

3.4　UGUI

3.4.1　画布

1. 画布概述

　　画布(Canvas)是容纳所有 UI 元素的区域,所有 UI 元素都必须是画布的子项,画布如图 3.44 所示。

　　依次选择菜单栏中的 GameObject→UI→Image 创建图像,此时如果场景中还没有画布,则会自动创建画布,UI 元素为此画布的子项。画布区域在 Scene 视图中显示为矩形,能够比较容易地定位 UI 元素，画布使用 EventSystem 对象来协助消息系统。

图 3.44　画布 Canvas

2. 绘制元素的顺序

画布中的 UI 元素按照它们在 Hierarchy 中显示的顺序绘制。首先绘制第一个子项，然后绘制第二个子项，依次类推。如果两个 UI 元素重叠，则后一个元素将显示在前一个元素之上。

要更改元素的显示顺序，只需在 Hierarchy 中拖动元素进行重新排序。也可以通过在变换组件上使用 SetAsFirstSibling、SetAsLastSibling 和 SetSiblingIndex 方法从脚本中控制顺序。

3. 渲染模式

画布具有渲染模式(Render Mode)设置，可用于在屏幕空间或世界空间中进行渲染。

3.4.2　基本布局

本部分将介绍如何相对于画布以及彼此来定位 UI 元素。可依次选择菜单栏中的 GameObject→UI→Image 创建一个图像。

1. 矩形工具

为了便于布局，每个 UI 元素都表示为矩形。可使用工具栏中的矩形工具(Rect Tool)在 Scene 视图中操纵此矩形。矩形工具既可用于 Unity 的 2D 功能，也可用于 UI，甚至还可用于 3D 对象，如图 3.45 所示。

使用矩形工具可对 UI 元素进行移动、大小调整和旋转。选择 UI 元素后，可通过单击矩形内的任意位置并拖动来对元素进行移动。通过单击边或角并拖动，可调整元素大小。若要旋转元素，则可在稍微远离角点的位置悬停光标，直到光标看起来像旋转符号，然后单击并向任一方向拖动进行旋转。与其他工具一样，矩形工具使用工具栏中设置的当前轴心模式和空间。使用 UI 时，通常最好将这些设置保持为 Pivot 和 Local，如图 3.46 所示。

图 3.45　矩形工具

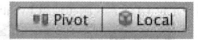

图 3.46　轴心模式

2. 矩形变换

矩形变换是一种用于所有 UI 元素的新型变换组件，而不是常规的变换组件。与常规变换一样，矩形变换具有位置、旋转和缩放，但还具有宽度和高度，用于指定矩形的尺寸，如图 3.47 所示。

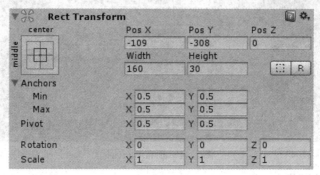

图 3.47　矩形变换组件

3. 调整大小与缩放

使用矩形工具可以对 2D 系统中的精灵以及 3D 对象进行大小更改，改变对象的局部缩放。但是，在带有矩形变换的对象上使用时，该工具改变的是宽度和高度，局部缩放将保持不变。该调整不会影响字体大小、切片图像上的边框等。

4. 轴心

旋转、大小调整和缩放都是围绕轴心进行的，因此轴心的位置会影响旋转、大小调整或缩放的结果。工具栏中的 Pivot 按钮设置为轴心模式时，可在 Scene 视图中移动矩形变换的轴心。

5. 锚点

矩形变换包含一种称为锚点的布局概念，锚点在 Scene 视图中显示为 4 个小三角形控制柄，如图 3.48 所示，锚点信息也显示在 Inspector 中，4 个锚点相当于四根钉子，钉在 Image 的父级元素上，4 个实心蓝点相当于 4 个纽扣，缝在 Image 的 4 个边上。

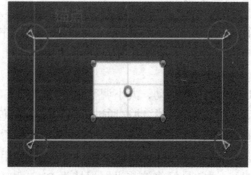

图 3.48　锚点

6. 锚点预设

在 Inspector 中，可在矩形变换组件的左上角找到 Anchor Preset 按钮。单击该按钮将显示 Anchor Presets 下拉选单，从此选单中可以快速选择一些最常用的锚定选项，如图 3.49 所示。可将 UI 元素锚定到父项的边或中间，或者与父项大小一起拉伸。水平锚定和垂直锚定是独立的。

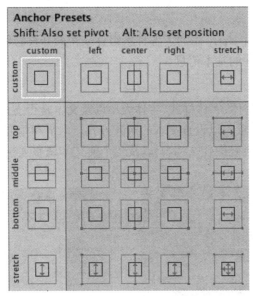

图 3.49　锚点预设

Anchor Presets 按钮将显示当前所选的预设选项(如果有)。如果水平轴或垂直轴上的锚点设置为与任何预设不同的位置，则会显示自定义选项。

通过单击 Anchors 扩展箭头可显示锚点数值字段(如果这些字段尚不可见)，Anchor Min 对应于 Scene 视图中的左下角锚点控制柄，而 Anchor Max 对应于右上角控制柄。

根据锚点是在一起(产生固定的宽度和高度)还是分开(使得矩形与父矩形一起拉伸)，矩形的位置字段显示不同。当所有锚点控制柄在一起时，显示的字段为 Pos X、Pos Y、Width 和 Height。Pos X 和 Pos Y 值表示轴心相对于锚点的位置，如图 3.50 所示。

当锚点分开时，字段可能部分或完全变为 Left、Right、Top 和 Bottom，这些字段定义了由锚点定义的矩形内的填充。如果锚点在水平方向分开，则使用 Left 和 Right 字段，如果在垂直方向分开，则使用 Top 和 Bottom 字段。

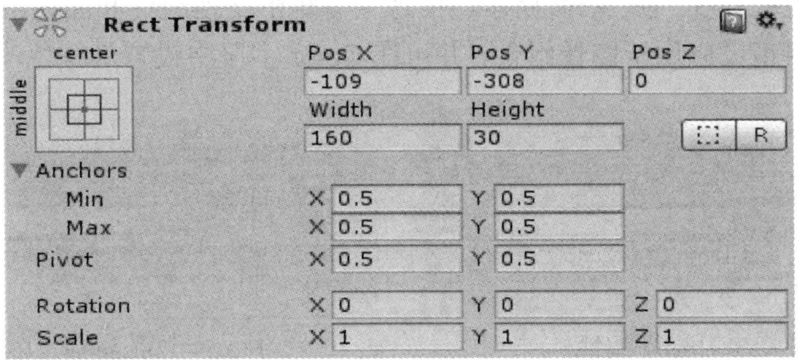

图 3.50　锚点位置

　　注意，更改锚点或轴心字段中的值通常会反向调整定位值，以使矩形保持原位。如果不需要此行为，则可通过单击 Inspector 中的 R 按钮启用 Raw edit mode。这样在更改锚点和轴心值时可以不改变任何其他值，因此可能会导致矩形在视觉上出现移动或大小调整，因为矩形的位置和大小取决于锚点和轴心值。

3.4.3　可视组件

　　随着 UI 系统的引入，Unity 添加了各种新组件来帮助开发者创建 GUI 特定功能。本部分将介绍可创建的新组件的基本信息。

1. 文本(Text)

　　Text 组件可以设置字体、字体样式、字体大小以及文本是否支持富文本功能，如图 3.51、图 3.52 所示。有一些选项可以设置文本的对齐方式、水平和垂直溢出的设置(控制文本大于矩形的宽度或高度时会发生什么情况)以及一个使文本调整大小来适应可用空间的 Best Fit 选项。

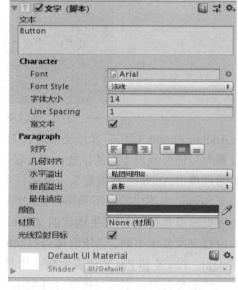

图 3.51　Text 属性　　　　　　　　　　　　图 3.52　Text 属性中文对照

2. 图像(Image)

　　图像属性如图 3.53、图 3.54 所示，图像具有矩形变换组件和图像组件，可在 Target Graphic 字段下将精灵应用于图像组件，并可在 Color 字段中设置其颜色，还可将材质应用于图像组件。

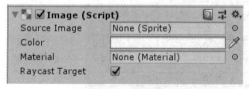
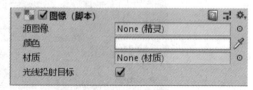

图 3.53　Image 属性　　　　　　　　　　　　图 3.54　Image 属性中文对照

　　Image Type 字段可定义应用的精灵显示方式，提供的选项包括：

(1) Simple：均匀缩放整个精灵。

(2) Sliced：使用 3×3 精灵分区，确保大小调整不会扭曲角点，仅是拉伸中心部分。

(3) Tiled：类似于 Sliced，但仅是平铺(重复)中心部分而不是对其进行拉伸。对于完全没有边框的精灵，整个精灵都是平铺的。

(4) Filled：按照与 Simple 相同的方式显示精灵，不同之处是使用定义的方向、方法和数量从原点开始填充精灵。

选择 Simple 或 Filled 时显示的 Set Native Size 选项会将图像重置为原始精灵大小。

通过从 Texture Type 设置中选择 Sprite(2D/UI)，可以将图像导入为 UI 精灵。与旧的 GUI 精灵相比，现在的精灵有额外的导入设置，最大的区别是增加了 Sprite Editor(精灵编辑器)。Sprite Editor 提供图像 9 切片选项，此选项将图像分成 9 个区域，如此一来，当精灵调整大小时，角点就不会被拉伸或扭曲。

3. 原始图像(Raw Image)

图像组件采用精灵，但原始图像采用纹理(无边框等)。只有在必要时才使用原始图像，否则大多数情况都使用图像。

4. 遮罩(Mask)

遮罩不是可见的 UI 控件，而是一种修改控件子元素外观的方法。遮罩将子元素限制(即掩盖)为父元素的形状。因此，如果子项比父项大，则子项仅包含在父项以内的部分才可见。

5. 效果

可视组件也可应用各种简单效果，例如简单的投射阴影或轮廓。

3.4.4　交互组件

本部分将介绍 UI 系统中的交互组件，这些组件可用于处理交互，例如鼠标或触摸事件以及使用键盘或控制器进行的交互。交互组件本身不可见，必须与一个或多个可视元素组合才能正常工作。

大多数交互组件都有一些共同点。这些组件是可选择的组件，这意味着它们具有共享的内置功能，可用于对状态(正常、突出显示、按下、禁用)之间的过渡进行可视化，也可用于通过键盘或控制器导航到其他可选择的组件。

交互组件至少有一个 UnityEvent，当用户以特定方式与组件交互时将调用该 UnityEvent。UI 系统会捕获并记录从附加到 UnityEvent 的代码传出的任何异常。

1. 按钮(Button)

按钮有一个 OnClick UnityEvent 用于定义单击按钮时将执行的操作，Button 组件如图 3.55 所示。

图 3.55　Button 组件

2. 开关(Toggle)

开关有一个 Is On 复选框用于确定开关当前是打开还是关闭状态。当用户单击开关时，此值将反转，并可相应打开或关闭可视复选标记。按钮还有一个 OnValueChanged UnityEvent 用于定义更改该值时将执行的操作，Toggle 组件如图 3.56 所示。

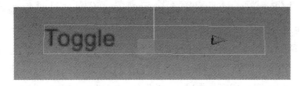

图 3.56　Toggle 组件

3. 滑动条(Slider)

滑动条具有十进制数值，用户可以在最小值和最大值之间拖动。滑动条可以是水平或垂直的。滑动条也有一个 OnValueChanged UnityEvent 用于定义更改该值时将执行的操作，Slider 组件如图 3.57 所示。

图 3.57　Slider 组件

4. 滚动条(Scrollbar)

滚动条具有一个介于 0~1 之间的十进制数值。当用户拖动滚动条时，该值将相应变化。滚动条通常与滚动矩形(Scroll Rect)和遮罩(Mask)一起用于创建滚动视图。滚动条具有一个介于 0~1 之间的 Size 值，该值用于确定控制柄的大小(占整个滚动条长度的一个比例)。滚动条通常由另一个组件控制，旨在指示滚动视图中可见的内容比例。滚动矩形组件可自动执行此过程。滚动条可以是水平或垂直的。滑动条也有一个 OnValueChanged UnityEvent 用于定义更改该值时将执行的操作。

5. 下拉选单(Dropdown)

下拉选单有一个可供选择的选项列表。可为每个选项指定文本字符串和可选的图像，可在 Inspector 中进行此设置，也可从代码中进行动态设置。下拉选单有一个 OnValueChanged UnityEvent 用于定义当更改当前选择的选项时将执行的操作，Dropdown 属性如图 3.58 所示。

图 3.58　Dropdown 组件

6. 输入字段(Input Field)

输入字段用于使文本元素的文本可由用户编辑。输入字段有一个 UnityEvent 用于定义当更改文本内容时将执行的操作，另一个用于定义用户完成编辑后将执行的操作，Input Field 组件如图 3.59 所示。

图 3.59　Input Field 组件

7. 滚动矩形/滚动视图(Scroll Rect/Scroll View)

当占用大量空间的内容需要在小区域中显示时，可使用滚动矩形。滚动矩形提供了滚动此内容的功能。通常情况下，滚动矩形与遮罩(Mask)相结合来创建滚动视图，在产生的视图中只有滚动矩形内的可滚动内容为可见状态。此外，滚动矩形还可与一个或两个可拖动以便水平或垂直滚动的滚动条(Scrollbar)组合使用，Scroll Rect/Scroll View 组件如图 3.60 所示。

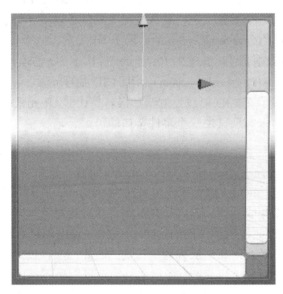

图 3.60　Scroll Rect 组件

3.5　EVENT 事件

使用事件系统可以根据输入(即键盘、鼠标、触摸或自定义输入)将事件发送到应用程序中的对象，事件系统包含一些共同协作以发送事件的组件。

将事件系统组件添加到游戏对象时，应该会注意到该组件未公开太多功能，这是因为事件系统本身设计为事件系统模块之间通信的管理器和协调器。

事件系统的主要作用如下：

(1) 管理视为选中状态的游戏对象。

(2) 管理正在使用的输入模块。

(3) 管理射线投射(如果需要)。

(4) 根据需要更新所有输入模块。

输入模块包含定义事件系统行为方式的主要逻辑，可用于：

(1) 处理输入。

(2) 管理事件状态。

(3) 将事件发送到场景对象。

事件系统中一次只能有一个输入模块处于激活状态，这些输入模块必须是与事件系统组件位于同一游戏对象上的组件。如果希望编写自定义输入模块，建议发送 Unity 中现有 UI 组件支持的事件，也可以扩展事件和编写自定义的事件。

3.5.1 射线投射器和消息系统

1. 射线投射器

射线投射器用于确定指针在哪个对象上方，输入模块通常使用场景中配置的射线投射器来计算指针设备位于哪个对象上方，默认情况下提供了以下 3 种射线投射器：

(1) 图形射线投射器(Graphic Raycaster)：用于 UI 元素。

(2) 2D 物理射线投射器(Physics 2D Raycaster)：用于 2D 物理元素。

(3) 物理射线投射器(Physics Raycaster)：用于 3D 物理元素。

如果在场景中配置了 2D/3D 射线投射器，很容易让非 UI 元素接收来自输入模块的消息，只需附加一个脚本来实现其中一个事件接口即可。

2. 消息系统

新的 UI 系统使用一种消息系统来取代 SendMessage，该系统是纯 C#系统，旨在解决 SendMessage 存在的一些问题。该系统使用可在 MonoBehaviour 上实现的自定义接口来指示组件能够从消息系统接收回调。调用时会指定目标游戏对象，该调用将在游戏对象的所有(实现了指定接口以据此发出该调用的)组件上发出。借助消息系统可传递自定义用户数据，并可指定事件应在游戏对象层级视图中传播的距离：应该仅为指定的游戏对象执行，还是应该在子对象和父对象上也执行。除此之外，消息框架还提供 helper 函数来搜索和查找实现了给定消息接口的游戏对象。消息系统是通用型系统，不仅可用于 UI 系统，还可用于一般游戏代码。添加自定义消息事件相对简单，借助 UI 系统用于所有事件处理的相同框架即可实现。

如果希望定义自定义消息，此过程相对简单。在 UnityEngine.EventSystems 命名空间中，有一个名为 IEventSystemHandler 的基本接口，从此接口扩展的任何内容都可以视为通过消息系统接收事件的目标。示例代码如下：

```
public interface ICustomMessageTarget : IEventSystemHandler
{
    //可通过消息系统调用的函数
    void Message1();
    void Message2();
}
```

一旦定义了此接口，即可由 MonoBehaviour 实现。此接口实现后，定义了在针对此 MonoBehaviour 游戏对象发出指定消息时将会执行的函数。示例代码如下：

```
public class CustomMessageTarget : MonoBehaviour, ICustomMessageTarget
{
    public void Message1()
    {
        Debug.Log ("Message 1 received");
    }

    public void Message2()
    {
        Debug.Log ("Message 2 received");
    }
}
```

现在有了可接收消息的脚本之后，需要发出消息。通常，此消息用于响应发生的某个松散耦合事件。例如，在 UI 系统中，为 PointerEnter 和 PointerExit 等事件发出事件，以及为了响应用户在应用程序中的输入而发生的各种其他事件。要发送消息，可使用一个静态 helper 类来执行此操作。在参数方面，需要消息的目标对象、一些特定于用户的数据以及一个映射到所需目标消息接口中特定函数的仿函数(functor)。示例代码如下：

```
ExecuteEvents.Execute<ICustomMessageTarget>(target, null, (x, y)=>x.Message1());
```

此代码将在游戏对象目标上实现了 ICustomMessageTarget 接口的所有组件上执行 Message1 函数。ExecuteEvents 类的脚本文档中介绍了执行函数的其他形式，例如在子对象或父对象中执行。

3.5.2　输入模块和支持的事件

1. 输入模块

输入模块可用于配置和自定义事件系统的主要逻辑。系统提供了两个开箱即用的输入模块，一个用于独立平台，另一个用于触控输入。每个模块都会在给定配置上预期接收和分发事件。

输入模块是执行事件系统"业务逻辑"的位置。启用事件系统后，它会查看所连接的输入模块，并将更新处理传递给具体模块。

输入模块可根据希望支持的输入系统进行扩展或修改。输入系统的目的是将特定于硬件的输入(例如触摸、游戏杆、鼠标、运动控制器)映射到通过消息系统发送的事件。

内置的输入模块可支持常见的游戏配置，如触控输入、控制器输入、键盘输入和鼠标输入。如果在 MonoBehaviour 上实现特定接口，这些输入模块则会向应用程序中的控件发送各种事件，所有 UI 组件都实现了对具体组件有意义的接口。

2. 支持的事件

事件系统支持许多事件，并可在用户编写的自定义输入模块中进一步自定义它们。独立输入模块和触摸输入模块支持的事件由接口提供，通过实现该接口即可在 MonoBehaviour

上实现这些事件。如果配置了有效的事件系统，则会在正确的时间调用事件。

常用事件及作用如下：

(1) IPointerEnterHandler - OnPointerEnter：当指针进入对象时调用。

(2) IPointerExitHandler - OnPointerExit：当指针退出对象时调用。

(3) IPointerDownHandler - OnPointerDown：在对象上按下指针时调用。

(4) IPointerUpHandler - OnPointerUp：松开指针时调用(在指针正在点击的游戏对象上调用)。

(5) IPointerClickHandler - OnPointerClick：在同一对象上按下再松开指针时调用。

(6) IInitializePotentialDragHandler - OnInitializePotentialDrag：找到拖动目标时调用，可用于初始化值。

(7) IBeginDragHandler - OnBeginDrag：即将开始拖动时在拖动对象上调用。

(8) IDragHandler - OnDrag：发生拖动时在拖动对象上调用。

(9) IEndDragHandler - OnEndDrag：拖动完成时在拖动对象上调用。

(10) IDropHandler - OnDrop：在拖动目标对象上调用。

(11) IScrollHandler - OnScroll：当鼠标滚轮滚动时调用。

(12) IUpdateSelectedHandler - OnUpdateSelected：每次勾选时在选定对象上调用。

(13) ISelectHandler - OnSelect：当对象成为选定对象时调用。

(14) IDeselectHandler - OnDeselect：取消选择选定对象时调用。

(15) IMoveHandler - OnMove：发生移动事件(上、下、左、右等)时调用。

(16) ISubmitHandler - OnSubmit：按下 Submit 按钮时调用。

(17) ICancelHandler - OnCancel：按下 Cancel 按钮时调用。

3.5.3　事件系统参考

1. 事件系统管理器

事件系统负责控制构成事件的所有其他元素，该系统会协调哪个输入模块当前处于激活状态，哪个游戏对象当前被视为"已选中"，以及许多其他高级事件系统概念。

每次"更新"时，事件系统都会收到调用、查看其输入模块并确定应该将哪个输入模块用于此活动，然后系统会将处理委托给模块。

2. 图形射线投射器

图形射线投射器用于对画布进行射线投射。射线投射器查看画布上的所有图形，并确定是否有任何图形被射中。可将图形射线投射器配置为忽略背面图形以及被其前面的 2D 或 3D 对象阻挡。如果希望将此元素的处理强制为射线投射的前面或后面，也可应用手动优先级。

3. 物理射线投射器

物理射线投射器对场景中的 3D 对象进行射线投射，因此可将消息发送到实现事件接口的 3D 物理对象。

4. 2D 物理射线投射器

2D 物理射线投射器对场景中的 2D 对象进行射线投射，因此可将消息发送到实现事件接口的 2D 物理对象。此情况下需要使用摄像机游戏对象，并会将 2D 物理射线投射器添加到摄像机游戏对象(如果未将 3D 物理射线投射器添加到摄像机游戏对象)。

5. 独立输入模块

根据设计，独立输入模块与控制器/鼠标输入具有相同的功能。响应输入时会发送按钮按压、拖拽等类似事件。当鼠标/输入设备移动时，该模块将指针事件发送到组件，并使用图形射线投射器和物理射线投射器来计算给定指针设备当前指向的元素。可以配置这些射线投射器来检测或忽略场景的某些部分，从而满足开发要求。该模块会发送 Move 事件和 Submit/Cancel 事件来响应通过 Input 窗口跟踪的输入。对于键盘和控制器输入均是如此。可在模块的检视面板中配置跟踪的轴和键。

6. 触摸输入模块

触摸输入模块设计用于触摸设备，可发送触摸和拖动操作的指针事件来响应用户输入，该模块支持多点触控。该模块使用场景配置的射线投射器来计算当前正在触摸的元素。每次当前触摸操作都将相应发出射线投射。

7. 事件触发器

事件触发器从事件系统接收事件，并为每个事件调用已注册的函数。

事件触发器可用于指定希望为每个事件系统事件调用的函数，可以为单个事件分配多个函数，每当事件触发器收到该事件时，将调用这些函数。

注意，将事件触发器组件附加到游戏对象将使该对象拦截所有事件，并且不会从此对象开始发生事件冒泡。

通过单击 Add New Event Type 按钮，可有选择地将每个支持的事件包含在事件触发器中。

第4章　Unity 进阶

4.1　NGUI

4.1.1　NGUI 简介

在 Unity 4.6 之前的版本中，引擎自带的 UI 系统功能不完善，市面上大多数项目进行 UI 界面开发的时候，使用的都是第三方插件 NGUI。

NGUI 是一组用 C♯ 语言编写的，并专门为 Unity 引擎所使用的插件。NGUI 的第一个版本于 2011 年 12 月面世，经过 10 年的发展和沉淀，现如今它已经成为世界上使用最广泛且最成熟的 Unity UI 插件，完美地弥补了 Unity 引擎本机 GUI 系统的各种缺点。可以说 NGUI 是 Unity 平台最强大的第三方 UI 系统。

4.1.2　下载与安装

1. 下载

(1) 必须先在 Unity 商店中购买 NGUI 插件，然后才能使用。

(2) 在互联网搜索 NGUI 插件，下载后直接拖入 Unity 面板即可。

2. 安装

在一个 Unity 项目上导入 NGUI 插件资源包，导入 NGUI 后，"NGUI" 菜单将出现在 Unity 的菜单栏上，其中包含 NGUI 的所有操作功能。

NGUI 插件目录结构如下：

(1) Editor：编辑器扩展。

(2) Examples：示例工程。

(3) Resources：资源文件。

(4) Scripts：脚本组件。

4.1.3　基本控件

NGUI 基本控件如图 4.1 所示。各基本控件说明如下：

(1) Attach a Collider：指为 NGUI 的某些对象添加碰撞器。如果接口是使用 NGUI 制作的，则只能以这种方式添加(注意：使用 Component 无效)。

(2) Attach an Anchor：表示已将 UIAnchor 脚本添加到对象，即锚点，其作用是可以指定摄像机的 9 个点(分别是：上左、上、上右、左、中、右、下左、下和下右)为对象的锚点，当摄像机的尺寸变化(即屏幕尺寸变化)时，锚点组件可以校正其当前的位置，将需要相对定位的组件拖入锚点组件中即可实现组件的相对定位。

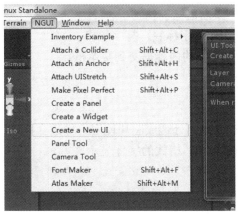

图 4.1　NGUI 基本控件

需要注意的几点：

① 组件的 RunOnlyOnce 属性，该属性决定是否只在开始时进行一次配适，一般移动端游戏运行过程中游戏窗口尺寸都不会变化，所以可以勾选。

② Anchor 组件不需要手动拖拽。

③ 组件的 Pivot 属性，即组件的中心点或注册点，组件的旋转和偏移都依赖于该点，可以看作是组件的本地原点。

④ 组件的 Anchors 属性，不同于 Anchor 组件，Anchors 属性是所有基础组件都具有的一种相对定位的属性。其作用是让当前组件的位置和尺寸相对于另一个组件，如果目标组件发生了变化，这些变化会影响到相对于它的组件的。Anchors 属性可以设置相对的组件即该组件的 4 个边的位置。

(3) Attach UIStretch：表示已将 UIStretch 脚本添加到对象以提供缩放功能。

(4) Make Pixel Perfect：表示已自动为用户调整"Transform"的大小。

(5) Create a Panel：创建一个面，相当于一个容器，里面的 Button、Label、CheckBox 控件全部包含在 Panel 里面。

(6) Create a Widget：创建小部件的工具，例如 Button、Label、Sprite 等。

(7) Create a New UI：创建一个新的 UI 界面。

(8) Font Maker：创建字体。

(9) Atlas Maker：创建图集。

4.1.4　高级控件

下面对菜单栏 Component FNGUI 的高级控件及其作用进行逐一介绍。

1. Examples 面板属性

(1) Pan With Mouse：表示分配的对象将根据鼠标的变化而移动。

(2) Look At Target：表示该物体朝向你的目标物体(Target)。

(3) Load Level On Click：表示单击按钮后加载另一个场景，只需输入要加载到 Level

Name 中的场景名称。

(4) Spin：旋转。

(5) Spin With Mouse：跟着鼠标旋转。

(6) Type Writer Effect：作用于标签，打字风格。

(7) Chat Input：将输入框中的内容提交到文本框。

2. UILabel 面板控制

1) 字体文件

(1) 字体图集：将用过的单词处理成图片使用，更适合英语国家。

(2) TTF 字体：直接使用 TTF 格式的字体显示文本。

2) UILabel 面板属性

(1) Font Size(字体大小)：控制文字显示的大小和基本样式普通、粗体、斜体、粗体＋斜体。

(2) Text(文字)：UILable 要显示的文字，可以输入多行。

(3) Modifier(调节器)：控制英文显示状态，包括正常状态、大写状态、小写状态。

(4) Overflow(溢出)：处理显示当文本大小超过 Widget 中 Size 属性的大小。具体包括：

Shrink Content：收缩内容(再大也无效)。

Clamp Content：夹紧内容(只要能显示几个字就可以显示)。

Use Ellipsis：是否使用省略符。

Resize Freely：调整自由(小部件中的大小会自动与字体大小同步)。

Resize Height：调整高度(固定宽度，自动调整高度)。

(5) Alignment(对齐方式)：设置文字的对齐方式。

(6) Gradient(渐变颜色)：设置文字从上到下的颜色渐变。

(7) Effect(特效)：设置文字特效，比如：颜色描边，投影。

(8) Spacing(间距)：设置文字与文字之间的间距大小。

(9) Color Tint(色彩化)：设置文字显示的颜色。

3. UISprite 面板控制

1) UISprite 显示图片

(1) 创建 UISprite 组件，步骤为在菜单栏中依次选择 NGUI→Create→Sprite。

(2) 选择图集，选择要显示的图片。

(3) 单击 Widget 中的"Snap"按钮以显示图片的原始大小。

(4) 在窗口 Widget 的"Aspect"中选择"Based On Width"，方便调整图像的比例。

2) UISprite 面板属性

(1) Type：(类型/模式)。

(2) Simple：简单模式，默认展示效果

(3) Sliced：九宫模式，适合按钮背景图像处理(九宫演示处理)。

(4) Tiled：平铺模式，使用该图片平铺 Widget 中 Size 的区域。

(5) Flip：进度模式，最复杂的图片模式。其中，Fill Dir 指填充方向；Fill Amount 指

填充量；Invert Fill 指翻转填充。

4．UIButton 面板控制

1）UIButton 制作按钮

（1）基础说明。在 UI 生成过程中，UILabel 用于显示文本，UISprite 用于显示图像。无论用户界面多么复杂，它都以最基本的文本+图像的形式显示(创建)，如图 4.2 所示。使用鼠标单击 UI，可以响应该单击的 UI 组件称为 UIButton。可以基于 UILable 和 UISprite 添加 UIButton 组件，以创建自己的个性化 UI 按钮。

图 4.2　按钮实例

（2）按钮制作如图 4.3 所示，具体步骤如下：

① 展现一张图片或者一段文字。

② 在菜单栏依次点击 NGUI→Attach→Collider 确定可以点击的区域，其实点击按钮的操作就是在这个 Collider 区域进行交互的。

③ 在菜单栏依次点击 NGUI→Attach→Button Script 附加按钮组件。

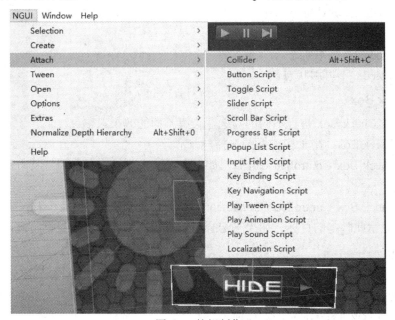

图 4.3　按钮制作

2) UIButton 面板属性

(1) UIButton：将鼠标置于按钮上更改目标对象的颜色。

(2) UIButton Scale：将鼠标置于按钮上使目标对象变大或变小，在"Hover"下调整 X，Y，Z 的比例。

(3) UIButton Offset：将鼠标放在按钮上移动目标对象。

(4) UIButton Sound：鼠标点击按钮发出声音。

(5) UIButton Activate：用鼠标单击按钮后，目标对象将从禁用状态更改为启用状态(触发对象)。

(6) Colors：用颜色描述按钮的 4 种状态。如果用户不希望颜色影响图片效果，则可以选择所有四种颜色为白色。

(7) UIButton Rotation：将鼠标移至按钮后，目标对象旋转一定程度，在"Hover"下调整 X，Y，Z 旋转的程度。

(8) UIButton Tween：用鼠标单击按钮后，将转换目标对象。Tween 组件中的变换需要添加到目标对象(如 transform 变换，position 变换，alpha 变换等)，并且需要从一开始就启用目标对象的变换，否则当用户开始运行时它将显示在游戏转换中。

(9) UIButton Play Animation：鼠标单击按钮后，将播放目标动画(必须将动画添加到目标对象)。

(10) UIButton Message：传递消息，编写一个公共函数来告诉系统要传递的消息内容，在目标对象上设置脚本，然后编写传递消息的函数名称。

3) Sprites 精灵

Sprites 精灵可以在一张图(整体图像集合)中截取一部分作为一个精灵，然后使用精灵来描述按钮的四种状态。按钮的四种状态如下：

(1) Normal(*)：默认原始状态。

(2) Hover：经过停留状态。

(3) Pressed(*)：按下状态。

(4) Disabled：不可用状态。

5. Check Box

对多选框 Check Box 进行不同的勾选，会有不同的效果。

(1) UICheck Box：用于多选框的选择与取消。

(2) UICheck Box Controlled Object：如果取消选中此复选框，则将禁用目标对象和所有子对象。

(3) UICheck Box Controlled Component：当将此脚本添加到 Check Box 并选择了多选按钮时，将显示此脚本的目标。如果未选择多选按钮，则此脚本的目标将被隐藏。

6. Drag

Drag 主要用于实现拖拽功能。

(1) UIDrag Camera：将此组件添加到对象，然后将 UIDraggable Camera 组件添加到 Camera 中，表示该 Camera 允许被拖拽。

(2) UIDrag Panel Contents：表示该面的所有组件允许被拖拽的。

7. 其他

(1) UIForward Events：表示从对象到另一个转发事件。

(2) UISound Volume：用于 Slider 控件中。

(3) UICenter On Child：通常在拖动事件中使用，首先将 UIDraggable Panel 脚本添加到面板，然后将 UIDragObject 或 UIDrag Panel Contents 添加到要拖动的对象，最后将 UICenter On Child 添加到网格根目录。无论怎样拖动容器中的对象，网格始终保持水平或垂直居中。

(4) UIInput Validator：在输入字段中使用。在将此脚本添加到输入字段后，Logic 中会有多个选项。None 表示将不执行任何验证，用户可以输入任何字符(中文除外)。Integer 表示用户只能输入整数、英语和各种特殊字符。Double 表示只能输入浮点数。Alphanumeric 表示用户可以输入英文、数字和特殊字符。Username 表示可以输入英文、数字和一些特殊字符(小数点除外)。Name 表示只能输入英文、特殊字符和其他字符(小数点除外)。

(5) UIPanel Alpha：可以用于任何控件，将此脚本添加到对象，可以在 Alpha 中调整参数，0 表示完全透明，0～1 表示越来越不透明，大于 1 的数字表示完全不透明。

(6) UIPopup List：通过 NGUI 创建 PopupList 控件时，该控件用于下拉列表框 (PopupList)。将添加此脚本，并且可以在"选项"下添加下拉列表框的子级。

(7) UIScroll Bar：用于滚动条，Value 代表当前滚动条的位置，Size 代表滚动条的标准尺寸，Alpha 代表滚动条的透明度，Direction 可以选择滚动条是垂直还是水平。

(8) UISlider：用于滑动框，Value 表示填充的滑动框的比例，Direction 表示用户可以选择滑动框是垂直还是水平。

8. Tween

Tween 组件可以实现对象的透明度、颜色、位置、旋转、大小和缩放的变化。Tween 组件如图 4.4 所示。

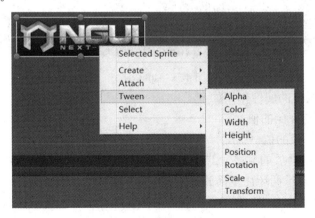

图 4.4　Tween 组件

1) 组件功能

(1) Spring Position：表示转换后的对象的位置，Target 是目标位置，对象将从起始位置移动到目标位置。

(2) Tween Alpha：表示物体的透明度从某一个值到另一个值，From 表示开始的值，

To 表示之后的值。

(3) Tween Color：表示物体的颜色从某一个值到另一个值，From 表示开始的颜色，To 表示之后的颜色。

(4) Tween Position：表示物体的坐标从一个位置到另一个位置，From 表示开始的位置，To 表示之后的位置。

(5) Tween Rotation：表示物体从一个角度到另一个角度的变换，From 表示开始的角度，To 表示之后的角度。

(6) Tween Scale：表示对象大小从某个值到另一个值的转换，From 表示开始的大小，To 表示之后的大小。

(7) Tween Transform：表示物体的 Transform 变换，From 表示开始的对象位置，To 表示之后的对象位置。

2) 具体使用

添加一个 Alpha 组件到 UI 上，这个缓动效果会直接作用到 UI 上。Alpha 组件提供的属性(所有的缓动组件属性都大致相同)如图 4.5 所示。

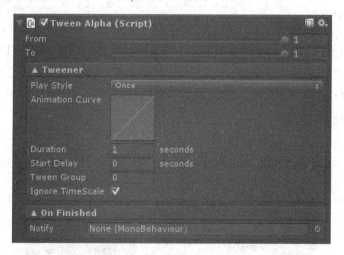

图 4.5　Alpha 组件

Tween Alpha 组件的属性作用如下：

(1) From：缓动开始的值。

(2) To：缓动结束的值。

(3) Play Style：播放的风格，共有 3 种风格，其中 Once 表示播放一次，Loop 表示循环播放，PingPong 表示循环往复播放。

(4) Animation Curve：Unity 3D 自带的动画曲线编辑器，可以在这里编辑缓动的曲线效果，可以实现线性动画或越来越快的动画效果等。

(5) Duration：播放一次动画所需的时间。

(6) Start Delay：开始播放动画前等待的时间。

(7) Tween Group：动画所属的组，在下文的 UI Play Tween 组件中使用。

(8) Ignore Time Scale：Unity 3D 的 Time Scale 值修改时是否会影响到该缓动动画。

(9) On Finished：动画播放结束时调用指定对象的指定方法，注意拖拽到该区域的 GameObject 必须带有脚本组件，同时 Loop 和 PingPong 永远不会执行到该方法。

3) 动画控制

单独在组件上使用缓动动画脚本意义不大，还需要对缓动动画进行控制才能制作出理想的效果。

UIPlay Tween 是 NGUI 提供的一个脚本组件，可以用来控制多个动画的播放，其参数如图 4.6 所示。

图 4.6 UIPlay Tween 组件

UIPlay Tween 的属性作用如下：

(1) Tween Target：控制的目标对象，为空表示控制自身添加的缓动对象，也可以指定特定的对象表示控制该对象上的缓动动画。

(2) Include Children：是否控制目标对象上子物体的缓动组件。

(3) Tween Group：具体控制的缓动组件的组号，只会控制设定组号为该数字的缓动组件。

(4) Trigger condition：触发机制，可以选择触发缓动动画的事件机制，比如点击当前对象或者别的事件，注意和 Tween Target 无关，仅针对当前对象。

(5) Play direction：播放方向为 Forward 从 From 到 To 播放，Toggle 从 From 到 To 后从 To 到 From 如此反复，Reverse 从 To 到 From。

(6) If Target is disabled：目标物体被禁用时的处理。Do Nothing 指不做任何处理，Enable Then Play 指激活目标物体播放动画。

(7) If already playing：目标动画已经在播放时的处理。Continue 指继续播放，Restart 指重新播放，Restart If Not Playing 指等待播放完毕再播放一次。

(8) When finished：播放完毕后对目标物体的处理。Do Not Disable 指不做任何处理、Disable After Forward 指正向播放完毕后禁用物体、Disable After Reverse 指反向播放完毕后禁用物体。

(9) On Finished：播放完所有动画后的回调方法。使用该组件时一般会将挂载在目标对象上的缓动脚本禁用，否则动画会一开始就播放，这就失去了控制的意义。

另外，该组件控制的是一个物体或包括该物体子物体的缓动，如果是简单的缓动可以直接使用 NGUI 提供的组件，如果是较为复杂的缓动推荐使用专业的第三方缓动类库，如 DO Tween 等。

9. Create a Widget

Create a Widget 用于创建控件的功能，可以创建以下控件：

(1) 创建标签：Label。

(2) 创建下拉列表框：PopupList。

(3) 创建进度条：Progress Bar。

(4) 创建滑动条：Slider。

(5) 创建输入框：Input。

(6) 创建滚动条：Scroll Bar。

(7) 创建按钮：Button。

(8) 创建多选框：Check Box。

10. UI Scroll View

滚动视口组件，当需要滚动指定区域中的一个或多个对象时可以使用它。可以将 Scroll View 添加到任何 UI。添加良好的 Scroll View 之后，发现它已绑定到两个脚本，如图 4.7 所示。

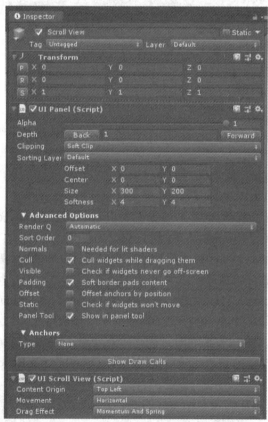

图 4.7　Scroll View

UIPanel 组件主要用于将内容裁剪到视口之外，其主要参数的含义如下：

(1) Clipping：剪辑类型。

(2) None：无需编辑，移出可见区域的图像仍然可见。

(3) Texture Mask：可以选择一张贴图作为遮罩。

(4) Soft Clip：软编辑，默认情况下处于此模式。

(5) Constrain but don't Clip：约束不能从视口中拖出，不能编辑。

如果选择了 Soft Clip，则会出现以下可选项：

(1) Offset：视口偏移量。

(2) Center：和 Offset 效果一致。

(3) Size：视口尺寸。

(4) Softness：剪辑边缘柔和度。

UIScroll View 组件如图 4.8 所示。

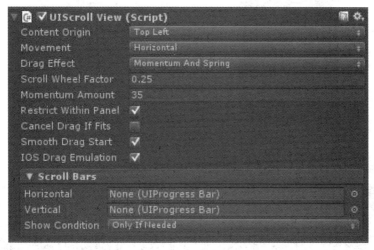

图 4.8　UIScroll View 组件

该组件用于控制视口滚动功能。其核心属性作用如下：

(1) Content Origin：滚动起点。默认为左上角。

(2) Movement：滚动方向。Horizontal 为水平方向、Vertical 为垂直方向、Unrestrained 为自由拖动、Custom 为自定义方向。

(3) Drag Effect：拖动效果。None 为无效果，Momentum 为带惯性的拖动、Momentum And Spring 为惯性和弹性阻力(超过极限值后，它将自动跳回到正常位置)。

(4) Scorll Wheel Factor：车轮系数。该值越大，滚动速度越快。

(5) Momentum Amount：惯性系数。该值越大，滚动时的惯性越大。

(6) Restrict Within Panel：拖动是否仅限于视口，默认情况下可以选择。

(7) Cancel Drag If Fits：当对象恰好适合视口时，会退出拖动。

(8) Smooth Drag Start：选中后，拖动将开始具有缓冲感；如果未选中，则拖动将以鼠标移动的速度进行。

(9) IOS Drag Emulation：模拟 IOS 的拖拽效果，可以增强拖拽体验。

(10) Scroll Bars：滚动条属性允许自己设置滚动条，留空则表示不使用滚动条。

(11) 在 Scroll Bars 的 Show Condition 属性中，Always 指总是显示滚动条；Only If Need

指当需要显示时出现；When Dragging 指拖拽时出现。

11. UIGrid

通常不直接添加 UIGrid 对象(因为 UIGrid 对象需要依靠父对象来确定其大小，所以不能单独设置大小)，可以先创建一个 Invisible Widget，然后创建一个 UIGrid 组件在创建的对象下，最后用户需要将已排序的组件拖到 UIGrid 上。

当需要在编辑界面中排列子对象时，可以单击设置菜单，如图 4.9 所示。

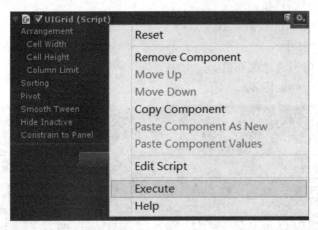

图 4.9　UIGrid 设置菜单

UIGrid 提供的属性如图 4.10 所示。

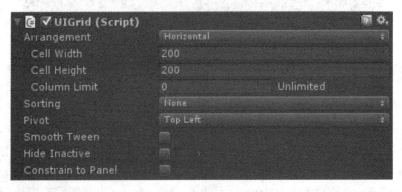

图 4.10　UIGrid 属性

UIGrid 的属性作用如下：

(1) Arrangement：网格排列方向。Horizontal 指水平排列、Vertical 指垂直排列、Cell Snap 指按子项当前的位置对齐子项。

(2) Cell Width：子项格子宽度。

(3) Cell Height：子项格子高度。

(4) Column Limit：子项最大数量。

(5) Sorting：排序方式。None 按照 Index 排序，Alphabetic 按照名称排序，Horizontal 和 Vertical 按照 local Position 进行排序，Custom 按照自定义排序。

(6) Pivot：网格起始点锚点。

12. UITable

UIGrid 是用于水平或垂直地对子级进行排序，而 UITable 是用于在换行符中对子级进行排序。UITable 的属性如图 4.11 所示。

图 4.11　UITable 属性

UITable 属性作用如下：

(1) Columns：列数，超过该数目会添加一行。

(2) Direction：行添加方向，Down 向下添加、Up 向上添加。

(3) Sorting：排序方式。None 按照 Index 排序、Alphabetic 按照名称排序、Horizontal 和 Vertical 按照 local Position 进行排序、Custom 按照自定义排序。

(4) Pivot：网格起始点锚点。

(5) Cell Alignment：格子对齐点。

(6) Padding：间隔。

4.1.5　事件监听

NGUI 事件函数可以用 NGUI 控制脚本或带有冲突对象的脚本(由具有 UICamera 组件的相机渲染)编写。

事件监听的常用事件如下：

(1) void OnHover(bool isOver)：当鼠标悬停或移出时触发。悬停时返回 true，移出时返回 false。

(2) void OnPress(bool isDown)：在按下或释放鼠标或触摸时触发，按下时触发，触发时释放。

(3) void OnClick()：当鼠标或触摸单击(按下并释放)时触发。

(4) void OnDoubleClick()：双击时触发(双击间隔小于 0.25 s)。

(5) void OnSelect(bool selected)：与单击类似，不同之处在于，如果此期间选择了其他控件，在一次选择之后将不再触发 OnSelect 事件。

(6) void OnDrag(Vector2 delta)：当按下或移动鼠标或触摸时触发，增量是输入位移。

(7) void OnInput(string text)：仅用于输入控件，在每次输入后触发，这次将在输入的信息中传递文本，而不是输入控件中的文本信息。

(8) void OnTooltip(bool show)：当鼠标悬停一段时间或移开时触发，悬停时返回 true，移开时返回 false。

(9) void OnScroll(float delta)：滚动鼠标中键时触发，增量是传入的滚动增量。

4.2　动　画　系　统

4.2.1　Legacy 动画系统

Unity 3D 的 Mecanim 动画系统非常强大，作为 Unity 推荐的动画系统，目前它和 Legacy 动画系统共同存在，但将来它会完全取代 Legacy 动画系统。

现在先使用 Unity 的资源来学习旧版 Legacy 动画系统，创建一个 Unity 3D 项目，在菜单栏中依次选择 Assets→Import Package→Character Controller，并将人物导入资源中以便使用 Legacy 动画系统。

1. 模型文件

对于骨骼这一项，发现动画类型设置为"Legacy"，表明此模型使用的动画类型是动画系统的旧版本，如图 4.12 所示。

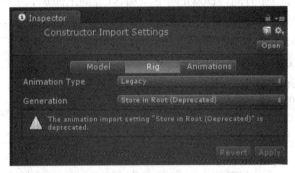

图 4.12　模型文件

再看看动画页，如图 4.13 所示。

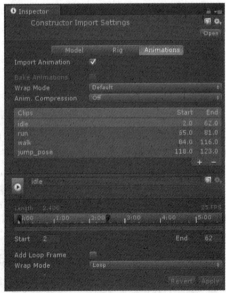

图 4.13　动画页

在动画页面中，可以编辑动画剪辑。

2. 控制动画

直接将 FBX 文件拖到场景中，Unity 将自动为其添加两个组件，即 Transform 和 Animation (注意，Mecanim 动画系统使用 Animator 组件，而 Legacy 动画系统使用 Animation 组件)。Animation 组件如图 4.14 所示。

图 4.14　Animation 组件

Animation 组件的设置还是比较简单的，其属性作用如下：

(1) Animation：当前播放的动画。

(2) Animations：所有可以播放的动画。

(3) Play Automatically：是否自动播放。

(4) Animate Physics：动画是否与现实世界互动。

(5) Culling Type：动画不可见时是否继续播放，默认情况下选择 OK 选项都可以。单击播放按钮，用户可以看到动画正常播放。

4.2.2　Legacy 动画控制

1. 脚本控制

如何使用脚本来控制动画的播放。可以将以下脚本绑定到角色，示例代码如下：

```
using UnityEngine;
using System.Collections;
public class AnimationScript : MonoBehaviour
{
    private Animation _animation;
```

```
        void Start()
        {
            _animation = this.animation;
        }
        void OnGUI()
        {
            //直接播放动画
            if(GUI.Button(new Rect(0, 0, 100, 30), "idle"))
            {
                _animation.Play("idle");
            }
            if(GUI.Button(new Rect(100, 0, 100, 30), "walk"))
            {
                _animation.Play("walk");
            }
            if(GUI.Button(new Rect(200, 0, 100, 30), "run"))
            {
                _animation.Play("run");
            }
            if(GUI.Button(new Rect(300, 0, 100, 30), "jump_pose"))
            {
                _animation.Play("jump_pose");
            }
            //使用融合来播放动画
            if(GUI.Button(new Rect(0, 30, 100, 30), "idle"))
            {
                _animation.CrossFade("idle");
            }
            if(GUI.Button(new Rect(100, 30, 100, 30), "walk"))
            {
                _animation.CrossFade("walk");
            }
            if(GUI.Button(new Rect(200, 30, 100, 30), "run"))
            {
                _animation.CrossFade("run");
            }
            if(GUI.Button(new Rect(300, 30, 100, 30), "jump_pose"))
            {
```

```
            _animation.CrossFade("jump_pose");
        }
    }
}
```

运行该程序，将看到两行按钮，第一行按钮使用 Play 方法切换动画，第二行按钮使用 CrossFade 播放动画。

2. Play 与 CrossFade 的区别

以从跑步切换到站立动画为例。

Play 可以直接切换动画。如果角色先前处于倾斜的跑步状态，那么它将立即变为站立状态，这在性能上不是很真实，特别是在两个动画姿势完全不同时更不真实。

CrossFade 通过动画融合切换动画。第二参数可以指示融合的时间。如果角色先前处于倾斜的行走状态，则它将在指定的融合时间内逐渐变为站立状态，这更接近角色动作的实际切换效果。

3. PlayQueued

该方法可以指定当前动画完成后要播放的动画。

4. 文件格式和资源加载

一般的模型使用通用的 FBX 格式，因此通常在两种情况下保存动画文件。一种是将所有动画和模型保存在一个文件中，另一种是将模型保存在一个文件中，而动画保存在一个文件中。

5. 模型动画都存放在一个文件中的情况

该结构类似于 Unity 提供的 Character Controller 中的资源。FBX 文件用于保存模型，骨骼和动画，如图 4.15 所示。

图 4.15　一个文件夹中

6. 模型动画分开存放的情况

模型和动画存储在多个 FBX 文件中，如图 4.16 所示。

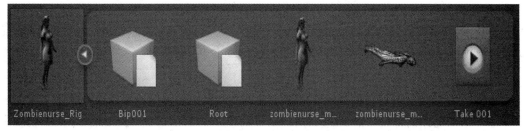

图 4.16　分开存放

上图中虽然有一个 Take 001 的动画，但是实际上并不使用该动画，而是使用下面仅保存了动画的 FBX 文件，如图 4.17 所示。

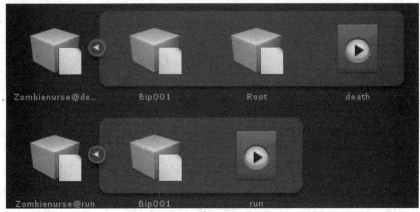

图 4.17　保存了动画的 FBX 文件

4.2.3　Mecanim 动画系统

1. 认识 Mecanim 动画系统

Mecanim 动画系统是 Unity 3D 4.0 推出的全新动画系统，主要提供以下 4 种功能：

(1) 针对人形角色提供一套特殊的工作流。

(2) 动画重定向功能使将动画从一个角色模型应用于其他角色模型非常方便。

(3) 提供可视化的动画编辑器，可以轻松创建和预览动画剪辑。

(4) 提供可视化的 Animator 编辑器，可以轻松管理多个动画切换状态。

2. 工作流

1) 模型的准备

Unity 无法制作 3D 模型并绑定骨骼，这些需要由专业建模人员完成。常用的建模软件有 3DMax、Maya、Cinema4D、Blender、Mixamo。在模型建立好之后，只需要将这些资源导入 Unity 3D 中即可使用。

2) 角色设置

导入 Unity 3D 中的资源需要进行一些简单设置，主要分为人形角色的设置和通用角色的设置两种。

3) 让角色运动

通过 Unity 3D Mecanim 提供的各种工具可以配置动画，以便可以正常播放。常用的 Mecanim 模块有动画剪辑(Animation Clip)、动画状态机(State Machines)、混合树(Blend Tree)、动画参数(Animation Parameters)。

3. 示例

学习动画系统需要特定的动画文件和资源。在这里，使用课题项目虚拟课堂中使用的资源包。依次选择菜单栏中的 Assets→Import Package→Character，导入资源中的人物使用 Mecanim 动画系统模型。

4.2.4 模 型 导 入

要在 Unity 3D 中使用模型和动画，则需要一定的开发过程来实现。以下是基于人形模型的开发过程。

1. 模型制作

(1) 模型建模(Modelling)：通常会在建模时制作一个称为 T 型姿势(双臂张开)的模型。

(2) 骨骼绑定(Rigging)：为了将骨骼绑定到先前制作的模型上，必须确保骨骼数量不能少于 15，并且同时遵循 Unity 3D 标准进行骨骼生成。

(3) 蒙皮(Skinning)：绘制权重的过程是设置受骨骼影响的模型的每个三角形的权重，以使骨骼可以影响模型并产生动画。

2. 模型导入

Unity 3D 支持以下模型格式的文件导入：FBX、OBJ、MAX、MB、BLEND。

由于诸如 MAX 类型的文件是相应建模软件的源文件，因此 Unity 3D 需要安装 3D Max 来支持该文件，而其他文件相同，因此更好的文件格式是 FBX，这是一种通用的 3D 文件格式，尽管 OBJ 也是一种通用的 3D 文件格式，但是它不支持动画等功能，通常仅用于静态对象。

3. FBX SDK

这里提供 FBX 的 SDK 下载地址为 http://www.autodesk.com/products/fbx/overview。

4. 导入到 Unity 3D 中

导入非常简单，只需要在 Project 面板中右击选择“Import New Asset...”，然后在弹出的菜单中选择 FBX 文件即可。

5. 模型配置

在 Project 面板中选择导入的模型后，将在 Inspector 面板中看到模型的配置信息。下面给出相关选项卡官方网站的说明链接：

(1) Model：http://docs.unity3d.com/Manual/FBXImporter-Model.html。

当模型需要使用光照贴图烘焙系统时，需要选中“Generate Lightmap”UVs 选项以打开第二组 UV。

(2) Rig：http://docs.unity3d.com/Manual/FBXImporter-Rig.html。

这里需要说的是骨头的类型，None 表示没有骨骼，Legacy 表示为旧版动画系统的骨架，Generic 表示为通用的骨骼，Humanoid 表示为人形骨骼(设置为人形骨骼，可以使用 Mecanim 为人形骨骼专门开发的各种功能)。

如果选择了 Humanoid 类型，则可以单击“Configura...”按钮来修改人体骨骼和肌肉的配置。

4.2.5 Animation View(动 画 视 图)

1. 动画组件之间的关系

动画组件之间的关系如图 4.18 所示。

图 4.18　动画组件

在这里可以看到绑定到 GameObject 的 Animator 组件控制了动画播放的模型。

属性 Controller 对应于一个 Animator Controller 文件，该文件可以在 Animator 窗口中打开。它是一个设计为状态机的系统，可以在此接口上设置多个状态之间的切换关系。

Animator Controller 中的每个状态则对应一个 Animation Clip，每个 Animation Clip 是一个简单的动画单元，可以在 Animation 窗口中打开。

2. 动画文件

1) Animation Clip 文件

如果 FBX 包含动画文件，则可以在其中创建多个动画剪辑，并且每个 Animation Clip 都包含一个简单的动画，如 Idle、Run 等。

2) Animation 文件

旧版的动画格式文件，使用 XML 数据记录动画信息。

3) Apply Root Motion 选项

Animator 组件中有一个名为 Apply Root Motion 的可选项。如果未选择此选项，动画将根据世界坐标移动，即 Animation 值将直接设置为目标位置。选中此选项后，动画设置将添加到目标位置。

3. 事件系统

对于一个动画，还可以为其任意帧添加一个事件。

首先，为 Main Camera 添加一个接收 Event 事件的组件，示例代码如下：

```
using UnityEngine;
using System.Collections;
public class TestAnimEvent : MonoBehaviour
{
    public void ShowAnimMsg(string msg)
    {
        print(msg);
    }
}
```

接下来，向 Animation 窗口中的任意帧添加一个事件，如图 4.19 所示，并调用

ShowAnimMsg 方法以便同时传递字符串，运行游戏后就会看到输出结果。

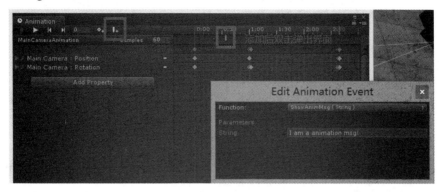

图 4.19　Animation 窗口

4.2.6　Animation State(动画状态)

1. 动画的设置

Animation Clip 窗口如图 4.20 所示。

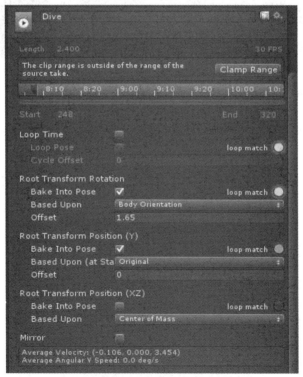

图 4.20　Animation Clip 窗口

Animation Clip 的属性作用如下：

(1) Loop time：动画是否循环播放。

(2) Root Transform Rotation：表示为有关播放动画的对象旋转的信息。

(3) Root Transform Position(Y)：表示为播放动画的对象的位置，Y 轴信息。

(4) Root Transform Position(XZ)：表示为播放动画 XZ 平面信息的对象的位置。

上述 3 个属性都有一致的选项，这些选项是：

• Bake Into Pose：未选中表示动画所产生的旋转或位移将应用于动画的主要对象，这意味着它不会应用于动画的主要对象。

• Based Upon：基准点，该选项有 3 种类型，其中，Original 表示参考点使用动画文件中的预设值；Center of Mass 表示参考点使用重心，这意味着角色的下半身将嵌入地面；Feet 表示基准点使用第一帧的脚。

2. 动画状态

动画状态如图 4.21 所示，点击项目中任意一个 Animator Controller，打开 Animator 界面可以看到该状态界面。

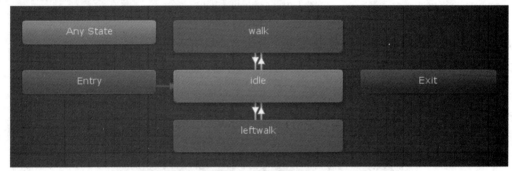

图 4.21　动画状态

该图展示的显示面板是标准的有限状态机配置面板。系统生成 3 个状态"Entry""Any State"和"Exit"，其他状态由自己创建和管理。

每个状态都由带有箭头的线段连接，表示该状态可以转换为指向状态。

3. 状态面板

状态关系切换以后再点击任意一个状态，在 Inspector 面板可以看到该状态的详细信息，如图 4.22 所示。

图 4.22　状态窗口

状态窗口的属性作用如下：

(1) Motion：表示当前状态对应的 Animation Clip。

(2) Speed：表示当前状态速度，1 代表正常速度，后面的参数刻度表示使用参数代表当前速度，输入框将成为下拉选择框。可以选择指定的参数，可以在 Parameters 面板中进行配置，其功能是通过代码轻松修改参数值，以达到调速的目的。

(3) Mirror：表示是否沿 Y 轴翻转动画，通常用于重用动画。如果选中此项目，则召唤右手的动画将变为召唤左手。

(4) Cycle Offset：表示播放偏移量。

(5) Foot IK：当需要将脚靠近地面时，可以打开通常关闭的脚的 IK 动画(反向动力学)。

(6) Write Defaults：播放动画后是否将状态重置为默认状态，通常进行检查。

下面的 Transitions 面板将列出可以转换为其他状态的当前状态。选中 Solo 表示当前过渡是唯一的过渡，即当前状态只能过渡到此项目指向的状态。选中 Mute 表示关闭此动画过渡，即当前状态无法过渡到此项目指向的状态。

4.3　Animator(动画)

4.3.1　Animator Controller(动画控制器)

1. 简介

Animator Controller 是一种文件类型，在 Unity 中作为单独的配置文件存在，并具有后缀 Controller。Animator Controller 包括以下功能：

(1) 可以对多个动画进行整合。

(2) 使用状态机来实现动画的播放和切换。

(3) 可以实现动画融合和分层播放。

(4) 动画回放的深入控制可以通过脚本来完成。

图 4.23 所示为动画的组成结构。

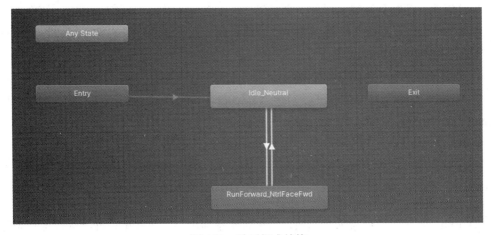

图 4.23　动画组成结构

Animator 组件用于控制角色动画的播放。所需的两个核心内容是动画控制器 Animator Controller，用于控制动画的播放逻辑，以及动画骨架 Avatar 对象，用于控制角色动画的播放。

2. Animator 组件

播放动画的角色都需要添加 Animator 组件，该组件即为控制动画的接口，Animator 组件如图 4.24 所示。

图 4.24　Animator 组件

Animator 组件的属性作用如下：

(1) Controller：使用的 Animator Controller 文件。

(2) Avatar：使用的骨骼文件。

(3) Apply Root Motion：绑定到该游戏对象的 Game Object 的位置是否可以通过动画来更改(如果存在更改位移的动画)。

(4) Update Mode：更新模式。Normal 表示使用 Update 进行更新，Animate Physics 表示使用 FixUpdate 进行更新(一般用在和物体有交互的情况下)，Unscale Time 表示无视 timeScale 进行更新(一般用在 UI 动画中)。

(5) Culling Mode：剔除模式。Always Animate 意味着即使看不见相机也将更新动画，Cull Update Transform 表示如果看不见相机，动画将暂停，但位置将继续更新，Cull Completely 表示对照相机的所有更新，相机不可见时动画将停止。下方还会显示动画的一些主要信息。

3. Animator Override Controller

右键创建资源时会发现这样的一个资源——Animator Override Controller，该资源的意思是根据 Animator Controller 修改每个状态的动画，其他设置保持不变，这可以轻松地重用创建的 Animator Controller。

4. 创建一个 Animator Controller

在 Project 视图中右击菜单可以创建 Animator Controller，如图 4.25 所示为新创建的 Animator Controller。

在该界面中发现 3 个默认状态，它们是 Unity 自动创建的，无法删除。

(1) Entry：在调用当前状态机时显示条目。在状态机之后进入的与该状态关联的第一个状态。

(2) Any State：表示任何状态，并具有它所指向的状态是可以随时切换状态的功能。

(3) Exit：表示要退出当前状态机。如果状态指向出口，则意味着可以从指定状态退出当前状态机。

图 4.25　Animator 控制台

5. 创建新状态

可以通过右键菜单进行创建，如图 4.26 所示。

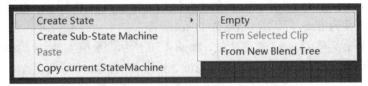

图 4.26　创建新状态

或者可以通过将动画剪辑拖放到状态机窗口来创建。可以发现创建的第一个状态被设置为默认的第一个状态，第一个状态会被标记为黄色，如图 4.27 所示。

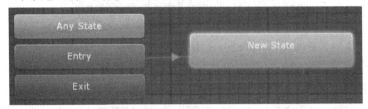

图 4.27　第一个状态

可以使用上述两种方法来创建多个状态，同时配置好每个状态，如图 4.28 所示。

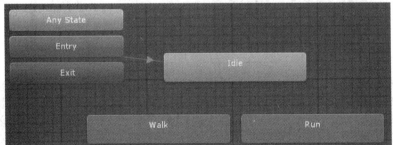

图 4.28　创建多个状态

6. 状态切换

状态机已经有了状态，但是还没有指定每个状态之间的关系，下面来看看该如何指定状态之间的关系。

在 Mecanim 中，不再通过调用 Play 等方法在动画之间切换播放，而是通过判断参数的转换来切换状态(即动画)。打开 Parameters 面板，该面板用于设置状态机使用的各种参数，如图 4.29 所示。

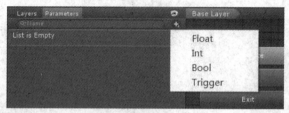

图 4.29　Parameters 面板

单击 "+" 号创建参数，可以在 Unity 中创建 4 种类型的参数：

(1) Float：浮点类型参数，主要用于控制状态机内部的浮点参数。

(2) Int：整型参数，主要用于控制状态机内部的整数参数。

(3) Bool：布尔型参数，主要用于状态切换。

(4) Trigger：本质上是布尔类型参数，但默认情况下其值为 false，设置为 true 后，系统会自动将其恢复为 true，否则，默认为 false。

下面创建两个简单的 Bool 类型变量，如图 4.30 所示。希望当 Walk 为 true 时，角色行走，当 Walk 为 false 时，角色站立，并且 Run 相同，但它将过渡为运行。

图 4.30　创建 Bool 类型变量

接下来，用户可以通过右键单击状态菜单以指示当前状态已转换为目标状态，拖出状态转换线，如图 4.31 所示。可以单击该行在 Inspector 窗口中设置转换条件，如图 4.32 所示。

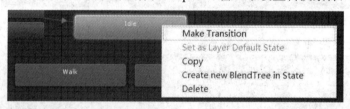

图 4.31　状态转换线

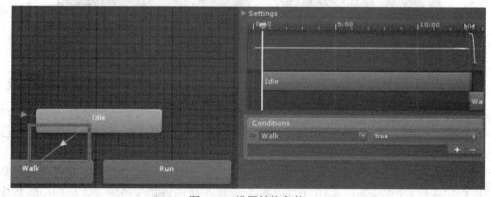

图 4.32　设置转换条件

　　在条件框中将 Walk 设置为 true，这意味着将 Walk 设置为 true 时，它将从站立动画跳到行走动画。同样，步行回到站立状态需要转换线，但步行应设置为 false，如图 4.33 所示。Run 的设置与 Walk 一致。

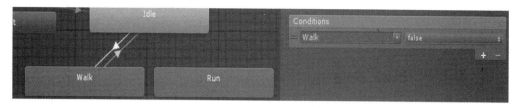

图 4.33　设置 Bool 值

7. Has Exit Time

发现该行中有一个复选框 Has Exit Time，如图 4.34 所示。

图 4.34　Has Exit Time

　　如果选中此选项，则在转换动画时，将等待当前动画完成后再切换到下一个动画。如果当前动画是循环动画，则在当前播放完成后等待转换，因此当需要立即转换动画时，一定记住取消选中。

　　另一种情况是当前动画完成后，当前的动画将自动切换到箭头指向的下一个状态(没有其他跳转条件)，此时必须选择此选项，否则动画结束后它将卡住。如果是循环动画，那么最后一个图像将始终循环播放。

8. 控制动画转换

　　向绑定到 Animator 组件的 GameObject 添加了以下新脚本组件，可以通过按下按钮来更改角色的动画。示例代码如下：

```
using UnityEngine;
using System.Collections;
public class TestAnimChange : MonoBehaviour
{
    private Animator _animator;

    void Start()
    {
        _animator = this.GetComponent<Animator>();
```

```
            }

        void Update()
        {
            if(Input.GetKeyDown(KeyCode.W))
            {
                _animator.SetBool("Walk", true);
            }
            if(Input.GetKeyUp(KeyCode.W))
            {

                _animator.SetBool("Walk", false);
            }
            if(Input.GetKeyDown(KeyCode.R))
            {
                _animator.SetBool("Run", true);
            }
            if(Input.GetKeyUp(KeyCode.R))
            {

                _animator.SetBool("Run", false);
            }
        }
    }
```

4.3.2　使用脚本控制动画

1. 控制人物动画播放

下面先看看 Animator Controller 的配置，如图 4.35 所示。

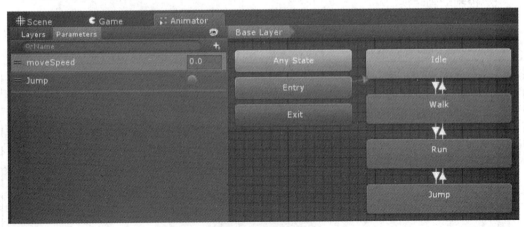

图 4.35　控制台配置

　　角色只能在站立状态下进入行走状态，步行只能进入跑步状态或返回站立状态，跑步只能进入跳跃状态或返回行走状态，而跳跃只能返回跑步状态。

　　两个参数分别是 Float 类型的 moveSpeed 和 Trigger 类型的 Jump。

　　连接的直接转换条件为 moveSpeed 大于 0.1 角色切换到行走状态，moveSpeed 大于 0.9 角色切换到跑步状态，小于 0.1 返回站立状态，moveSpeed 小于 0.9 返回行走状态，并且 Jump 触发进入跳跃状态。

　　向角色添加一个 Animator 组件，并绑定上面的 Animator Controller 文件，并绑定相应控制脚本。

2. State Machine Behavior

　　在 Unity 5.0 版本中，可以向 Animator 控制器中的每个状态添加脚本，类似于专用于 GameObject 的 MonoBehavior，可以向 State 添加状态机行为，也可以打开任何 Animator 控制器，并且可以通过点击检查器窗口中的脚本按钮来添加新的脚本，如图 4.36 所示。

图 4.36　在 Animator 控制器添加脚本

　　除了 State 外，还可以在层上添加，层可以看作是包含了整个 State 的一个大 State，如图 4.37 所示。

图 4.37　层添加脚本

　　通过使用 State Machine Behaviour，可以在特定的时间点更方便地触发一些需要的事件，但是应该注意，通常将一些场景对象分配给 State Machine Behaviour，而不是直接将它们拖到 Inspector 面板中。Animator 的 GetBehavior 方法获取指定的 State Machine Behavior 实例，然后通过脚本进行分配。

4.3.3　IK 动画

1. IK

　　IK(Inverse Kinematic)是反向动力学，也就是说，用户可以使用场景中的各种对象来控制和操纵角色身体部位的运动。通常，骨骼动画是从父节点驱动到子节点的传统方法(即前向动态)。而 IK 是另一种方法，是骨骼子节点驱动骨骼父节点。在特定情况下，例如当角色在石头上行走时，足部子节点需要驱动全身骨骼以响应踩在石头上的情况。

IK 可以使角色和场景适合更逼真的游戏效果。如果读者玩过"刺客信条"系列，则主角的爬墙和飞行能力应该会给每个人留下深刻的印象。这些是使用 IK 的应用程序动画适合特定场景的性能。使用 IK 时需要注意以下两点：

(1) 角色的动画需要选择 Humanoid 选项，可以选中角色模型后，依次选择 Rig→Animation Type 来找到 Humanoid。

(2) 在菜单栏中依次选择 Window→Animator 打开动画控制器窗口，同时一定勾选 IK Pass。

Unity 3D 本身已经带有了 IK 的功能，这里不再详细介绍，感兴趣的读者可以查阅官网。

2. FinalIK

该插件是 Unity 自身 IK 的优化和增强，可以模拟更逼真的效果。

4.4 动画层及事件应用

4.4.1 Animator Layers(动画分层)

1. 动画分层的作用

如果用户要开发第三人称射击游戏，可将人体动画分为两部分，上半部分根据目标位置以及是否射击进行动画处理，而下部分则将根据运动进行播放。

2. Avatar Mask

下面将使用"Avatar Mask"来实现角色在运行时召唤的效果。

首先，在场景中添加一个角色，同时添加一个动画师控制器并设置跳转条件，如图 4.38 所示。

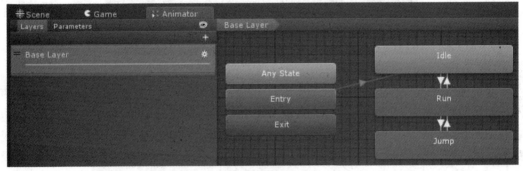

图 4.38　设置跳转条件

然后，将添加以下脚本来控制动画的播放方式。为防止角色由于动画而移动，请记住取消"ApplyRoot Motion"，以便检查动画的效果。

希望角色在按下空格时播放召唤动画，但不能停止跑步和跳跃动画。需要添加一个新的 Layer 来管理招手动画的播放，如图 4.39 所示。

图 4.39 添加新的 Layer

同时，必须配置召唤动画。这里的"空闲"不需要添加任何动画，仅表示它是空的。同时，添加了一个触发器"wave"以指示进入召唤动画的条件。

接下来，设置该层的权重为 1，如图 4.40 所示。

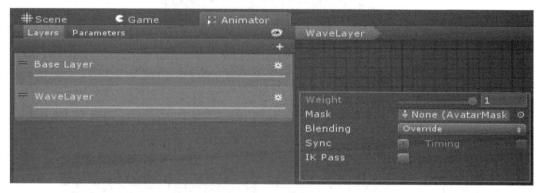

图 4.40 设置层参数

点击播放召唤动画，发现在播放召唤动画时其他动画将停止。

需要创建一个 Avatar Mask 文件，以指示只想播放动画的一部分，即手部动画，而其他部分则不会播放。在 Project 窗口中右键单击以创建 Avatar Mask 文件，如图 4.41 所示。

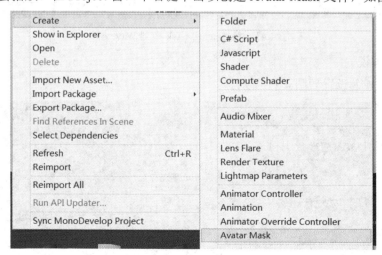

图 4.41 创建 Avatar Mask 文件

将右手部分以外的区别关闭即可，如图 4.42 所示。

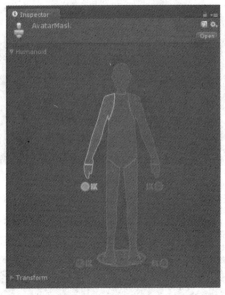

图 4.42　关闭区别

这是一个称为"Transform"的选项，可控制是否在动画中使用每个骨骼。如果角色有翅膀和尾巴，则使用该选项。

最后，将此 Avatar Mask 拖到动画控制器的 Wave 层上，如图 4.43 所示。再次运行动画，需要的效果就出来了。

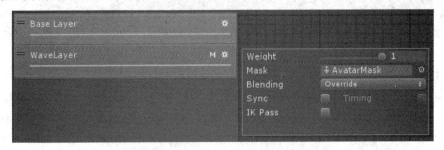

图 4.43　将 Avatar MAsk 拖到 Wave 层

3. 设置解说

Layers 面板的设置如图 4.44 所示。

图 4.44　Layer 面板设置

Layers 面板的属性作用如下：

1）Weight

Weight 是指动画层的权重，默认基础层必须为 1。如果设置为 0，将不播放当前层的动画，将播放 1，并且将使用类似的融合在 0～1 之间播放动画。例如前面的召唤示例，如果将其设置为 0.5，则将播放召唤动画，手臂只会举到脖子上。

2）Mask

Mask 是指动画遮罩，前面已经详细介绍，这里不再赘述。

3）Blending

动画混合方式有以下两种：

（1）Override：重写，表示当前层的动画覆盖其他层的动画。例如，如果要播放，右手不能播放其他动画。

（2）Additive：添加，表示将当前层的动画量添加到其他层的动画中。例如，在播放召唤时，手部的跑动或站立也将保留。

4）Sync

开启了该功能后会多出一些选项，可以将该功能看作复制的作用，如图 4.45 所示。

图 4.45　开启 Syne

Source Layer：指示哪一层是当前层的副本。该功能提供的效果就是两个状态一致的层可以做出一些不同的调整。设置后，当前级别的状态将与指定级别完全相同或完全同步。但是，用户可以更改特定状态的动画。

Timing：如果当前层和 Source Layer 的动画时间长度在同一状态下不一致，则将根据 Source Layer 的时间播放未选中的层以及动画的播放速度（其效果是复制层的动画可能变快或变慢）。选中此选项后，Source Layer 将根据复制图层的时间进行播放（效果是 Source Layer 动画可能会变快或变慢），即复制 Source Layer 的播放速度动画不会改变。

5）IK Pass

点击勾选此选项框，表示启动 IK 动画。

4.4.2　Blend Tree(混合树)

1. 认识 Blend Tree

除了在 Animator Controller 中创建 State 之外，还可以创建 Blend Tree，如图 4.46 所示。Blend Tree 参数，如图 4.47 所示。

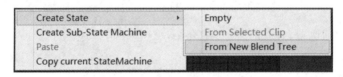

图 4.46　创建 Blend Tree

图 4.47　Blend Tree 参数

Blend Tree 和 State 唯一的区别是 Montion 指向的类型变为 Blend Tree 类型。未选择 Blend Tree 时只能用一个动画设置，而选择 Blend Tree 时可以设置为多个动画混合。

混合树是 Mecanim 动画系统中较复杂的内容，它分为多个维度，下面逐一学习。

2. 一维混合树

角色的运行分为 3 个动画，即向前运行，向左运行和向右运行，其中向左运行和向右运行角色将有一个一定的倾斜度，这更符合实际情况，那么在状态机中只有一个运行状态，因此需要将运行状态设置为混合树，以混合这 3 个动画。

使用官方示例使用一维混合树来实现上述效果。

首先，需要创建一个新场景，拖动到角色模型中，再创建一个 Animator Controller 并对其进行配置，如图 4.48 所示。

图 4.48　配置新的 Animator Controller

　　注意：Run 是混合树而不是 State。双击 Run 进入混合树的编辑界面。右击混合树添加 3 个 Motion，如图 4.49 所示。

图 4.49　添加 Motion

同时需要手动设定好 3 个方向的跑动动画，如图 4.50 所示。

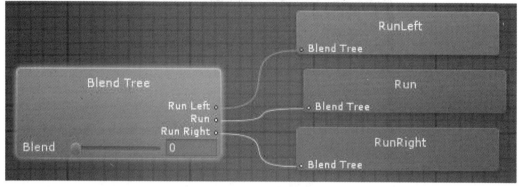

图 4.50　设置跑动动画

　　还需要手动设定一个名为 Direction 的 Float 类型的参数来控制这个混合树，如图 4.51 所示。

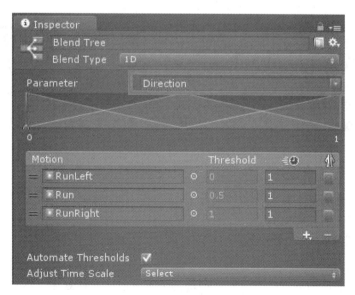

图 4.51　设置 Float 类型参数

　　接下来，取消"Automate Thresholds"选项后按照如图 4.52 所示设置参数，系统将会自动配置阈值。现在，当单击预览框查看动画时，可以拖动红色的短竖线以查看不同的更改，可用角度范围是 −130～130。

　　至此，动画控制器就配置好了。

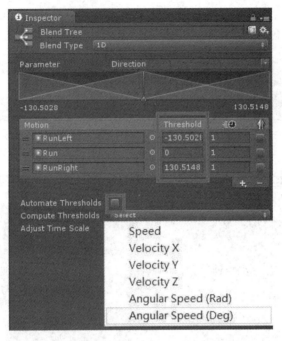

图 4.52　取消 Automate Thresholds 复选框

3. 脚本

使用相应的脚本来控制人物。记住须将角色的 Tag 设置为 Player，并且还应该对脚本进行一定的设置，如图 4.53 所示。

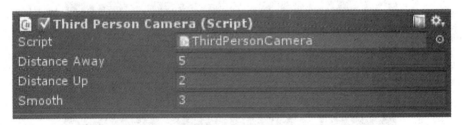

图 4.53　修改角色标签

4. 动画方面的要求

每个混合树的动画都有要注意的地方：

(1) 动画长度需要一致。

(2) 动画的起始姿势需要一致。

5. 二维混合树

它与一维混合树相同，但是二维混合树被视为平面，并且需要两个参数来控制。此模式可用于更复杂的动画融合，因此在这里将不对其进行深入讲解。

可以将两个一维混合树合并成一个二维混合树来控制。

6. 多维混合树

Unity5 中添加了多维混合树，其配置更加复杂。多维混合树通常用于面部表情动画融合。

4.4.3　Mecanim 动画的资源存储

使用 FBX 类型的模型和动画文件，通常在两种情况下存储动画文件。一种是将所有动画和模型都存储在一个文件中，另一种是将模型存储在一个文件中，而动画单独存储在另一个文件中。

以下所使用的资源是 Unity 3D 随附的两种动画资源。同时，有必要为其动画创建一个相应的 Animator Controller。

1. 模型和动画都存放在一个文件中的情况

FBX 文件保存模型、骨骼和动画，如图 4.54 所示。

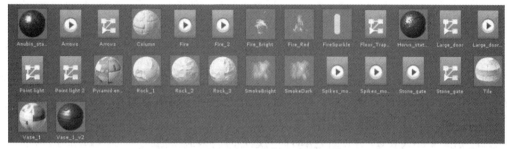

图 4.54　存储在一个 FBX 文件中的情况

下面是点击上图中任一动画后打开的控制器窗口，如图 4.55 所示。

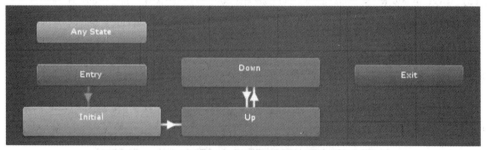

图 4.55　动画的控制器窗口

应该注意的是，官方没有提供用于设置 Animator Controller 的接口，因此必须将已配置的游戏对象作为预制组件进行加载。

2. 模型和动画分开存放的情况

模型和动画存储在多个 FBX 文件中，如图 4.56 所示。

图 4.56　存储在多个 FBX 模型文件中的情况

如图 4.57 所示是配置的 Animator Controller。除了不提供用于设置 Animator Controller 的界面外，在运行时也无法添加或删除动画剪辑。因此，通常收集所有依赖项并将它们打包在一起。归根结底，只需要一个预制件。

从这个角度来看，实际上是否分割动画，最终用法是一样的。

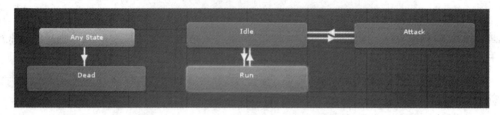

图 4.57　配置 Animator Controller

4.4.4　高级功能应用

1. 动作游戏

可以使用 Unity 3D 的 Mecanim 非常简单地实现诸多功能，如动画重定向、提供可视化的 Animation 编辑器和 Animator 编辑器等，方便用户创建和管理多个动画片段。

Mecanim 的 3 个高级功能如下：

(1) Animation Curve：可以根据动画的运行时间来调整曲线，在播放动画时可以获得与该曲线相对应的值，并且可以实现跳小洞的功能。

(2) Target Match：匹配预定点进行动画播放，可以实现角色爬升的功能。

(3) Animation Record：可以录制动画，然后播放录制的动画，可以实现时光倒流的功能。

可以说 Unity 3D 现在具有开发与国际制造商相当的动作游戏的能力。

2. Animation Curve

直接使用官方网站上的示例打开 Scale Capsule 场景。在运行游戏时，注意到角色当前无法从墙上的洞跳出，如图 4.58 所示。

图 4.58　角色无法从墙上的洞跳出

原因很简单，角色的胶囊碰撞体大于小孔。在检查了右上角的"应用比例"后，使角色跳跃，如图 4.59 所示。

图 4.59　排除错误

发现在角色跳跃时，胶囊碰撞体会收缩，角色可以钻过这个小孔，角色跳跃后胶囊体会恢复。找到动画文件 Dive，就可以看到其设置了两个 Curve，如图 4.60 所示。

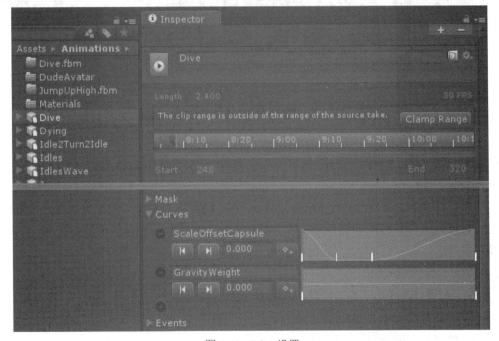

图 4.60　Dive 设置

ScaleOffsetCapsule 用于控制胶囊缩放的曲线，可以发现它的间隔为 1→0→1。ScaleOffsetCapsule 参数的设置，如图 4.61 所示。

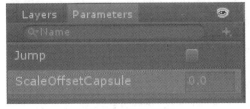

图 4.61　参数设置

ScaleOffsetCapsule 参数的类型必须为 Float，并且名称必须与动画文件中 Curve 的名称一致，在播放跳跃动画时，将根据预设曲线来设置参数。注意，该参数后面的输入框已被禁用，无法进入。每帧获取参数值，以实现减少跳跃碰撞体的功能。

3. Target Match

在游戏中，经常会出现角色的头和脚在某一个时刻需要放在特定的位置，其处理核心是使用 Animator 的 MatchTarget 方法，Target Match 就是让动画的特定片段去匹配特定的位置。感兴趣的读者可通过网址 http://docs.unity3d.com/ScriptReference/Animator.MatchTarget.html 来查看具体解释。

在这里，仍然直接使用官方网站上给出的示例打开 Target Match，如图 4.62 所示。

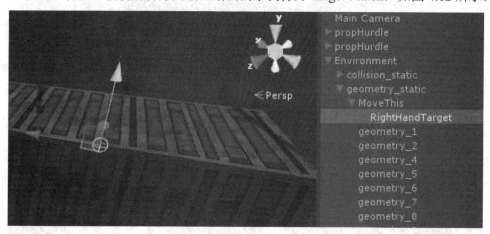

图 4.62　打开 Target Match

观察到已经在该字段上方设置了一个目标点，并且角色的右手与此动画重合的点重合。

注意，带有 MatchTarget 的动画必须处于 Base Layer。Match Target 插入角色位置的一部分和目标点的位置以便移动角色。结果是高于指定的爬升动画高度的任何爬升高度都可以调整。

4. Animation Record

Unity 3D 的 Animator 类为提供了 4 种录制和播放动画的方法：

(1) StartRecording：开始录制动画。

(2) StopRecording：停止录制动画。

(3) StartPlayback：开始播放录制的动画。

(4) StopPlayback：停止播放录制的动画。

同时，还可以通过访问 Animator 提供的一些属性来了解有关动画录制的相关信息：

(1) playbackTime：播放时间。

(2) recorderStartTime：开始录制的时间。

(3) recorderStopTime：记录结束的时间。

它相对易于使用，因此未作为示例显示。应该注意的是，当播放录制的动画时，角色将返回到录制开始的坐标点，而不是在当前坐标点播放。

4.5　灯　光　系　统

4.5.1　灯光系统简介

光照贴图技术是一种增强静态场景光照效果的技术。游戏场景不可能都是静态对象，因此，游戏场景中的照明通常是几种照明方法的混合。

对于静态对象，通常使用光照贴图来模拟间接光的照明效果，然后添加来自直接光源的动态照明效果。

对于移动的对象，可使用直接光源的动态照明效果，或者使用光探头模拟房间接收光的照明效果。

Unity 3D 中的实时全局照明提供了可以实时计算的全局照明，但这对计算机性能的要求仍然很高。不过，随着计算机硬件的改进，实时照明已应用于游戏技术中。

默认情况下，Unity 3D 中可以创建的光源类型有自然光、点光源、聚光灯、区域光和两种类型的探针反射探针(Reflection Probe)、光照探针组(Light Probe Group)，如图 4.63 所示。

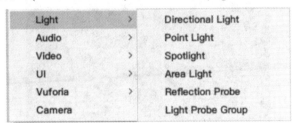

图 4.63　几种类型的光源

4.5.2　Directional Light(自然光)

Unity 3D 中的直接照明主要来自各种照明对象，并且照明对象本质上是空对象加上照明组件。直接照明可以产生阴影，但是光不会被反射或折射，并且可以穿透半透明的物体。自然光设置如图 4.64 所示。

Directional Light 的属性作用如下：

(1) Type：光源类型，所有类型的光源实际上共享一个组件，基本上是相同的。

(2) Color：灯光颜色。

(3) Mode：照明模式，每种模式对应 Light 面板中的一组设置。其中，Realtime 对应 Realtime Light；Mixed 对应 Mixed Light；Baked 对应 Lightmapping Setting。

(4) Intensity：灯光强度。

(5) Indirect Multiplier：乘以灯光产生的间接照明的强度。

(6) Shadow Type：阴影贴图的类型。其中，No Shadows 指无阴影贴图；Hard Shadows 指硬阴影贴图；Soft Shadows 指平滑的阴影边缘(即阴影模糊效果)；Baked Shadow Angle 指烘焙阴影的角度。

图 4.64　自然光设置列表

同时，该属性还包括：

① Realtime Shadows Strength 实时阴影强度。

② Resolution 阴影贴图分辨率。

③ Bias 阴影偏移，通常适当地增加此值可纠正一些阴影伪像。

④ Normal Bias 正常偏差，通常适当降低此值可校正某些阴影伪像(与使用 Bias 不同)。

⑤ Near Plane 阴影裁剪平面，对于小于相机此距离的场景对象，不会生成阴影。

(7) Cookie：Cookie 等效于在灯光上粘贴黑白图像模拟某些阴影效果，例如粘贴网格图像模拟窗口网格效果。

(8) Cookie Size：调整 Cookie 的大小。

(9) Draw Halo：灯光是否发光，不发光的光线是不可见的。

(10) Flare：眩光可以使用黑白贴图来模拟镜头中光线的"星光"效果。

(11) Render Mode：渲染模式。包含自动、重要逐像素进行渲染和不重要(以最快速度渲染)。

(12) Culling Mask：消除遮挡图，与选定图层关联的对象将受到光源的影响。

4.5.3　Point Light(点光源)

点光源模拟了一个小灯泡向周围发光的效果。点光源在其照明范围内随着距离的增加而减弱其亮度。点光源设置列表如图 4.65 所示。

图 4.65　点光源设置列表

Point Light 的属性作用如下：

(1) Range：光源的范围，从光源对象中心发射的距离。

(2) Color：光源的颜色。

(3) Mode：照明模式，每种模式对应 Light 面板中的一组设置。其中，Realtime 对应 Realtime Light；Mixed 对应 Mixed Light；Baked 对应 Lightmapping Setting。

(4) Intensity：灯光强度，只有 Point 和 Spotlight 有该参数。

(5) Indirect Multiplier：乘以灯光产生的间接照明的强度。

(6) Shadow Type：阴影贴图的类型。其中，No Shadows 指无阴影贴图；Hard Shadows 指硬阴影贴图；Soft Shadows 指平滑的阴影边缘(即阴影模糊效果)。

(7) Draw Halo：灯光是否发光，不发光的光线是不可见的。

(8) Flare：眩光可以使用黑白贴图来模拟镜头中光线的"星光"效果。

(9) Render Mode：渲染模式。包含自动、重要逐像素进行渲染和不重要(以最快速度渲染)。

(10) Culling Mask：消除遮挡图，与选定图层关联的对象将受到光源的影响。

4.5.4　Spot Light(聚光灯)

聚光灯模拟点光源仅沿圆锥体方向发光的效果，其亮度在照明范围内随着距离的增加而衰减。聚光灯设置列表如图 4.66 所示。

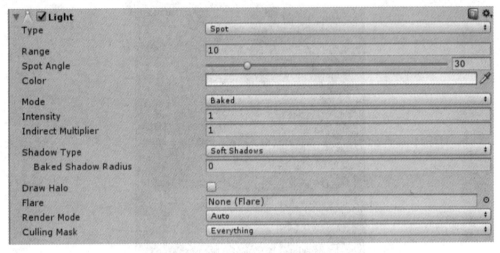

图 4.66　聚光灯设置列表

Spot Light 的属性作用如下：

(1) Range：光源的范围，从光源对象中心发射的距离。

(2) Spot Angle：灯光射出的张角范围。

(3) Color：灯光颜色。

(4) Mode：灯光照明模式，每种模式对应 Light 面板中一组设置。其中，Realtime 对应 Realtime Light；Mixed 对应 Mixed Light；Baked 对应 Lightmapping Setting。

(5) Intensity：灯光强度，只有 Point 和 Spotlight 有该参数。

(6) Indirect Multiplier：乘以灯光产生的间接照明的强度。

(7) Shadow Type：阴影贴图的类型。其中，No Shadows 指无阴影贴图；Hard Shadows 指硬阴影贴图；Soft Shadows 指平滑的阴影边缘(即阴影模糊效果)。

(8) Draw Halo：灯光是否发光，不发光的光线是不可见的。

(9) Flare：眩光可以使用黑白贴图来模拟镜头中光线的"星光"效果。

(10) Render Mode：渲染模式，包含自动、重要逐像素进行渲染和不重要(以最快速度渲染)。

(11) Culling Mask：消除遮挡图，与选定图层关联的对象将受到光源的影响。

4.5.5　Area Light(区域光)

区域光是模拟大发光表面对周围环境的照明效果。通常，区域光的亮度快速衰减，阴影非常柔和。

Unity 3D 的区域光仅在烘焙光照贴图时才有效，并且不会像 Maya 的区域光一样动态照亮场景。区域光设置列表如图 4.67 所示。

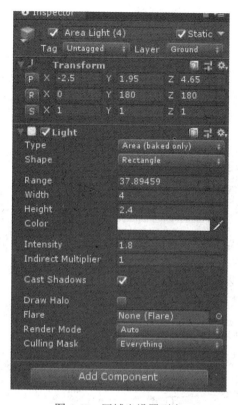

图 4.67　区域光设置列表

Area Light 的属性作用如下：

(1) Shape：灯光的形状，默认为长方形(Rectangle)。

(2) Range：光源的范围，从光源对象中心发射的距离。

(3) Width：面积光宽度。

(4) Height：面积光的高度。

(5) Color：灯光颜色。

(6) Intensity：灯光强度，只有 Point 和 Spotlight 有该参数。

(7) Indirect Multiplier：乘以灯光产生的间接照明的强度。

(8) Draw Halo：灯光是否发光，不发光的光线是不可见的。

(9) Flare：眩光可以使用黑白贴图来模拟镜头中光线的"星光"效果。

(10) Render Mode：渲染模式。包含自动、重要逐像素进行渲染和不重要(以最快速度渲染)。

(11) Culling Mask：消除遮挡图，与选定图层关联的对象将受到光源的影响。

4.5.6　Light Probes(灯光探针)

Light Probes 是一种用于实时渲染的高级照明技术，它是 Reflection Probes 与 Light Probe Group 的组合。

用户可以将 Light Probes 视为场景中的一个小光源，由多个光探测器组成的网络就是光探测器组。这些微小的光源通过烘焙获得场景中各个点的亮度信息，整个网络使用该信息来照亮动态对象，灯光探针设置如图 4.68 所示。

图 4.68　灯光探针设置

1. Reflection Probes

使用标准着色器时，每种材料都将具有一定程度的镜面反射性和金属性。若没有强大的硬件来处理实时跟踪反射，就不得不依靠预先计算的阴影反射。

光照烘焙不适用于动态对象，即未设置为 Lightmap Static 的对象。它们仅对静态对象有用。如果要动态地照亮动态对象，则需要创建 Light Probe Group。

2. Light Probe Group

Light Probe Group 仅在最接近动态对象的探针上起作用，并且光探针越靠近移动的对象，照明效果越强。可以根据场景的照明环境特征设置合适的 Light Probe Group，如图 4.69 所示。

图 4.69　Light Probe Group

通过向场景中添加光探针组，可以将动态对象很好地集成到静态场景中，尤其是在复杂照明环境的室内场景中，必须添加一个光探针组。

4.5.7　实时 GI

默认情况下，灯光、亮点和指向 Unity 的点是实时的，如图 4.70 所示。这意味着它们可以直接照亮场景并更新每张图像。当灯光和游戏对象在场景内移动时，灯光会立即更新，在场景和游戏视图中可以看到这种更新变化。

图 4.70　实时照明应用场景

实时光(Realtime Lighting)中的"实时"是指在游戏运行期间，当任意修改光源时，场景中的所有变化可以立即更新。注意，因为没有反射光，所以阴影是完全黑色的，它仅影响冷凝器的表面。实时照明是照明场景中对象的最基本方法，对于照明角色或其他移动的几何图形非常有用。

当实时光单独使用时，Unity 中的实时灯光是不会反射的。为了使用全局照明创建更逼真的场景，需要激活 Unity 预计算实时 GI 解决方案。

4.5.8　烘焙 GI

将对象模型放入场景后，引擎会计算出光线，当光线照射到对象模糊表面时会形成反射和阴影。

烘焙 GI 的作用如下：

(1) 使用光照贴图(光照贴图技术)烘焙物体，这是一种增强场景照明效果的技术。

(2) 当物体进入场景时，引擎会计算出光线，光线照射物体表面形成反射和阴影。通常有两种情况：当未烘焙对象且游戏在运行时，反射和阴影都由 CPU 计算的图形卡确定；当烘焙对象时，反射和阴影将记录在模型中，并成为新的纹理，且当游戏运行时，图形卡和 CPU 无需计算环境光，从而大大节省了 CPU 资源。

现实生活中的光具有反射、折射和衍射等特征。这些基本特征的仿真一直是计算机图形学的重要研究方向。

在 CG 中，标准照明方法没有考虑这些照明属性，因此其效果与现实生活有很大不同。在早期的游戏开发中，人们使用各种方法来模拟真实的照明效果。

在烘焙和光照贴图中，计算照明对场景中静态对象的效果，并将结果写入覆盖场景几何体的纹理中以创建照明效果，如图 4.71 所示。

图 4.71　Unity 生成的光照贴图纹理

这些光照贴图可以包含撞击表面的直接光或从场景中其他对象或表面反射的"间接"光。该照明纹理可以与诸如对象材质相关的"着色器"的颜色(反照率)和浮雕(法线)之类的表面信息一起使用。

在烘焙照明的情况下，这些轻量级纹理(光照贴图)在游戏过程中不会更改，因此称为"静态"。实时光源可以重叠并在光照贴图场景上使用，但是光照贴图不能交互更改。

通过这种方法，可以在游戏中交换灯光以提高游戏性能，并适合移动平台等功能较弱的硬件。

4.5.9 混合 GI

Unity 中任何光源的默认烘焙模式是"实时"。这意味着当 Unity 的实时 GI 系统处理间接光源时，这些光源将继续照亮用户创建的场景。但是，如果默认烘焙模式为"Baked"，则这些灯光将由 Unity 的 GI 烘焙系统处理直接和间接光源，并且在将生成的光照贴图附加到场景之后，执行过程中不能更改生成的光照贴图。当烘焙模式设置为"混合"时，将使用场景中的静态对象来计算烘焙的 GI。与"Baked"模式相比，"混合"模式下的灯光仍会为非静态对象计算实时光源。

混合光照(Mixed Lighting)下的灯光模式(只有在混合灯光情况下才有效)，如图 4.72 所示，一共有三种。

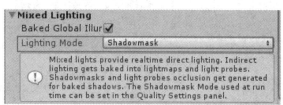

图 4.72　混合光照下的灯光模式

第一种 Baked Indirect 只烘焙间接光，如图 4.73 所示。使用此模式，光影效果最好，并且静态物体和动态物体的光影可以混合，但是很消耗性能。该模式受 Shadow Distance(Edit→Project Settings→Quality→Shadows→Shadow Distance)参数的影响，当视野距离超过这个值时，不显示影子。

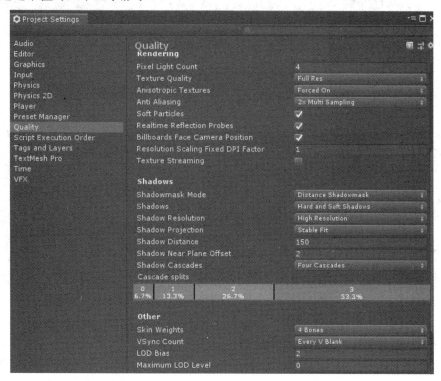

图 4.73　Baked Indirect

第二种 Shadowmask 的效果比 Subtractive 要好，缺点就是动态物体无法接受静态物体已经烘焙好的阴影，如图 4.74、图 4.75 所示。如果想动态物体能够和烘焙好的光影信息进行混合，可以将模式改为 Distance Shadowmask，这样就可以实现在一定视野范围内进行混合，但是相对来说会损耗性能。Distance Shadowmask 模式受 Shadow Distance(Edit→Project Settings→Quality→Shadows→Shadow Distance)参数的影响，这个距离指的是视野距离，即物体到相机的距离。Distance Shadowmask 模式是在质量设置里面进行的(Edit→Project Settings→Quality→Shadows→Shadowmask Mode→Distance Shadowmask)。

图 4.74　Shadowmask

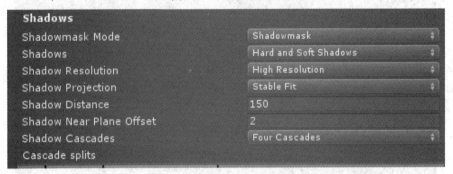

图 4.75　Shadowmask 参数设置

当然，可以使用更高级的方法。当动态对象与静态对象的阴影区域碰撞时，代码可以动态更改"阴影蒙版"以实现调整。

第三种 Subtractive 的效果最差，但性能最好，如图 4.76 所示。该模式只允许有一个主光源，当动态物体被两个光源照射时，只会产生一个阴影，而静态物体依然会有两个阴影。

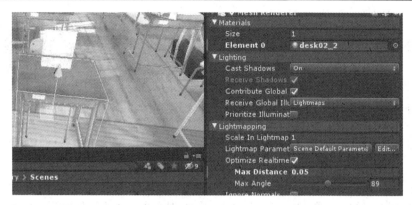

图 4.76　Subtractive

4.6　粒　子　系　统

4.6.1　粒子系统简介

粒子系统是一种模拟 3D 计算机图形中某些特定模糊现象的技术。这些现象是现实的游戏物理学，而其他传统渲染技术则难以实现。粒子系统通常用于模拟火灾、爆炸、烟雾、水流、火花、树叶、云、雾、雪、灰尘等现象，以及流星迹或抽象的视觉效果(如光迹等)，如图 4.77、图 4.78 所示。

图 4.77　"火"粒子

图 4.78　"水流"粒子

Shuriken 粒子系统是 Unity 3.5 之后发布的粒子系统的新版本，它使用模块化管理。个性化的粒子模块和粒子曲线编辑器使用户可以轻松创建各种复杂的粒子效果。在新版本的粒子系统中，制造了许多常用的预制件。

4.6.2　创建粒子

在菜单栏中依次选择 GameObject→Greate Other→Particle System，并在场景中创建一个新的粒子游戏对象，如图 4.79 所示。

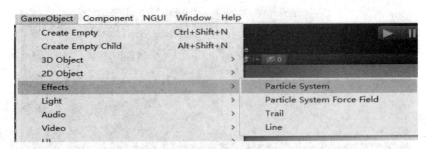

图 4.79　创建新的粒子游戏对象

粒子系统控制面板主要由 Inspector 视图中的 "Particle System" 窗口和 Scene 视图中的 "Particle Effect" 窗口组成。Particle System 组件的属性窗口包含 Particle System 初始化模块和其他模块(如发射和形状)。每个模块控制粒子行为的某个方面。粒子系统曲线位于属性窗口的下部区域，如图 4.80 所示。

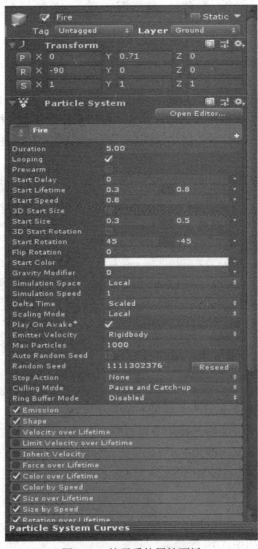

图 4.80　粒子系统属性面板

单击"Open Editor"按钮打开粒子编辑器对话框，该对话框集成了"Particle System"窗口和"Particle System Curves"窗口，可管理和自定义复杂的粒子效果，如图 4.81 所示。

Initial 初始模块是粒子系统的初始化模块。该模块是固有模块，不能删除或停用。该模块定义了许多基本参数，例如粒子初始化的持续时间、循环模式、发射速度、尺寸等。

图 4.81 粒子编辑器

Emission 排放模块控制颗粒的排放速率。在粒子持续时间内，可以实现在给定事件中创建大量粒子的效果，经常使用在模拟爆炸效果中。其中参数 Rate over Time 指选择粒子的发射率基于时间而变化；参数 Rate over Distance 指选择粒子的发射率基于距离而变化；参数 Bursts 是爆发，指在粒子持续时间内的某个时间点添加大量其他粒子，仅当粒子发射率随时间变化时，此选项才可用，如图 4.82 所示。

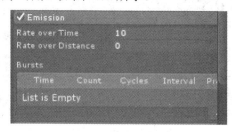

图 4.82 Emission 模块

　　Shape Module 形状模块定义了粒子发射器的形状，可以提供沿形状表面的法线或随机方向的初始检测，并控制粒子的发射位置和方向。

　　Shape 参数可设置粒子发射器的形状，如图 4.83 所示，不同形状的发射器从初始速度沿不同方向发射粒子。

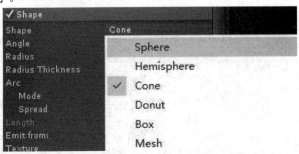

图 4.83　Shape 界面

　　Shape 参数包括球形发射器 Sphere、半球发射器 Hemisphere、锥发射器 Cone、立方体发射器 Box、网格发射器 Mesh。

　　当 Shape 设置为 Sphere 时，展示效果如图 4.84、图 4.85 所示。

图 4.84　Sphere 界面 1

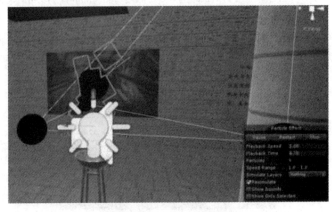

图 4.85　Sphere 界面 2

4.6.3　参　数

Particle System 在 Inspector 视窗中的参数面板，如图 4.86 所示。

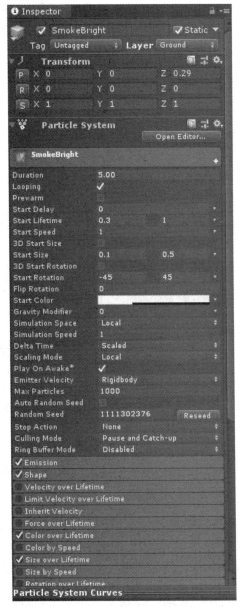

图 4.86　Particle System 参数面板

Particle System 的参数作用如下：

(1) Transform：控制世界或局部坐标中粒子的变化。注意，如果更改 Scale 属性的值，则不会影响粒度缩放，所以要改变粒径。

(2) Particle System：更改粒子的属性，例如大小、发射速度等。这也是粒子的核心组成部分。

(3) Duration：粒子播放的时长。以秒为单位，当该参数设置为 5，表示粒子播放时长为 5 秒。

(4) Looping：循环播放。以 Duration 为单位播放时间，并循环播放。

(5) Prewarm：预热粒子发射。勾选此选项必须先勾选 Looping 选项。如果取消勾选此复选框，则当开始发射粒子时，粒子的数量从 0 开始逐渐增加；如果选中此复选框，则当单击开始时，它不会从数字 0 开始，而是直接开始循环。

(6) Start Delay：开始发射粒子要延迟多长时间。单击播放后延迟粒子效果多少秒。如果预热粒子被勾选，此项将变为不可选。

(7) Start Lifetime：粒子的生命周期，即每个粒子的生存时长。比如设置为 100，那么就可以看到这个粒子在 100 秒后被销毁。Start Lifetime 支持 4 种不同类型的值，分别是 Constant 常量，Curve 曲线(如图 4.87 所示)，Random Between Two Contants 是两个常量数之间的一个随机数，Random Between Two Curves 是两条曲线之间的一个随机数(如图 4.88 所示)。

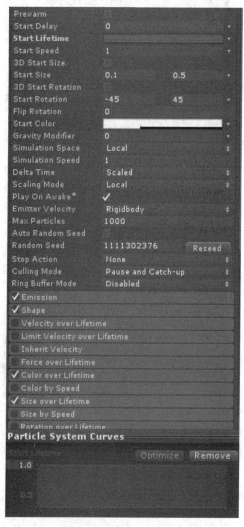

图 4.87　Curve 曲线

图 4.88　曲线之间的随机数区域

(8) Start Speed：启动速度(粒子诞生的速度)。此值有 4 种类型，因为有些粒子速度快，有些粒子速度慢。

(9) 3D Start Size：3D 开始大小，具有 X、Y、Z　3 种大小(针对三维粒子而言，勾选过 Start Size 不可用，3D 包含 2D)。

(10) Start Size：起始尺寸(出生时粒子的大小)。与速度相同，也有 4 种类型。

(11) 3D Start Rotation：粒子的初始旋转角度(检查后，Start Rotation 不可用)。

(12) Start Rotation：粒子初始旋转角度，有 4 种数值类型。

(13) Flip Rotation：粒子的初始随机旋转方向，取值范围为 0～1。

(14) Start Color：粒子的初始颜色。对粒子颜色的影响最主要是着色器的颜色，该参数与着色器一起使用。

(15) Gravity Modifier：重力倍增系数。数值越大，重力影响越大，即使速度为 0，也会影响粒子的轨迹。

(16) Simulation Space：在世界、本地或自定义空间中模拟粒子位置。在本地空间中，粒子相对于自己转换；在自定义空间中，粒子相对于自定义转换。

(17) Simulation Speed：缩放粒子系统的回放速度。

(18) Delta Time：三角时间。

(19) Scaling Mode：缩放比例，有 3 个选项。

(20) Play On Awake：是否在游戏开始后立即播放。

(21) Emitter Velocity：有 Transform 和 Rigidbody 两个选项。当粒子移动时，系统根据其中一种来计算速率。

(22) Max Particles：最大粒子数，即粒子系统发射的最多粒子数。如果超过此数字，则发射将停止。

(23) Auto Random Seed：自动随机种子。

(24) Stop Action：结束动作。当粒子结束播放，如何操作游戏对象，是 Disable 还是 Destroy，或者是 None(只在游戏运行时有效)。

参 考 文 献

[1]　王寒，曾坤，张义红. Unity AR/VR 开发：从新手到专家[M]. 北京：机械工业出版社，2018.

[2]　陈嘉栋. Unity 3D 脚本编程：使用 C#语言开发跨平台游戏[M]. 北京：电子工业出版社，2016.

[3]　刘向群，吴彬. Unity 2017 从入门到精通[M]. 北京：人民邮电出版社，2020.

[4]　娄岩. 虚拟现实与增强现实应用指南[M]. 北京：科学出版社，2017.

[5]　黄静. 虚拟现实与增强现实技术概论[M]. 北京：机械工业出版社，2016.

[6]　陶文源，翁仲铭，孟昭鹏. 虚拟现实概论[D]. 南京：江苏凤凰科学技术出版社，2019.

[7]　张克发，赵兴，谢有龙. AR 与 VR 开发实战[M]. 北京：机械工业出版社，2016.

[8]　向春宇. VR、AR 与 MR 项目开发实战[M]. 北京：清华大学出版社，2018.

[9]　邢杰，赵国栋，徐远重，等. 元宇宙通证[M]. 北京：中译出版社，2021.

[10]　盛斌，鲍健运，连志翔. 虚拟现实理论基础与应用开发实践[M]. 上海：上海交通大学出版社，2019.

[11]　张娟. 虚拟现实技术概论[M]. 北京：电子工业出版社，2021.